给孩子讲 量子力学

THIRTY YEARS THAT SHOOK PHYSICS

〔美〕乔治·伽莫夫 著

金 歌 译

团结出版社

图书在版编目（CIP）数据

给孩子讲量子力学 / (美) 乔治·伽莫夫著；金歌译.

—北京：团结出版社, 2019.11

ISBN 978-7-5126-7528-5

Ⅰ.①给… Ⅱ.①乔… ②金… Ⅲ.①量子力学－少儿读物

Ⅳ.①O413.1-49

中国版本图书馆CIP数据核字(2019)第256338号

出版：团结出版社

　　（北京市东城区东皇城根南街84号　邮编：100006）

电话：(010) 65228880　　　65244790　（传真）

网址：www.tjpress.com

Email：zb65244790@vip.163.com

经销：全国新华书店

印刷：三河市富华印刷包装有限公司

开本：148×210　1/32

印张：7

字数：160千字

版次：2020年2月　第1版

印次：2022年10月　第3次印刷

书号：978-7-5126-7528-5

定价：35.00元

前 言

在20世纪初期，相对论和量子理论这两个伟大的革命性理论改变了物理学的面貌。前者主要是一个人的产物，这个人就是阿尔伯特·爱因斯坦，他先后阐述了理论的两部分内容：狭义相对论和广义相对论。其中狭义相对论发表于1905年，而广义相对论发表于1915年。爱因斯坦的相对论彻底改变了经典牛顿理论中所描述的"物理世界中空间和时间是两个独立实体"的概念，并引入了单位化的4维坐标系，时间虽然与3维坐标并不相同，但在这个坐标系中，时间被当作第4坐标。相对论的提出，使得在处理原子中电子的运动、太阳系中行星的运动以及宇宙中恒星星系的运动时，会有一些重大的改变。

另一方面，量子理论是伟大的科学家们创造性的工作成果，从马克斯·普朗克开始，他是第一个将能量的量子化概念引入到物理学的人。这一理论经历了许多变革阶段，并且可以让我们在今天深入地了解原子和原子核的结构，以及我们日常生活中所熟悉的物体结构。时至今日，量子理论仍然不完整，尤其在它和相对论的关系和基本粒子的问题上，由于在前进的道路上遇到了极大的困难，量子理论（暂时性的）停滞不前。

这本书将会讲述量子理论的发展历程。本书作者首次接触量子思想和玻尔的原子模型时正值18岁，当时他是列宁格勒大学的在读学生。

后来，他在24岁的时候，很幸运地来到哥本哈根并成为了玻尔的学生。在帕·布莱格达姆斯维奇（玻尔实验室的地址）难忘的几年的工作生活里，作者有机会见到许多为量子理论早期发展作出贡献的科学家们，并与他们一起参与讨论。接下来的内容是这些经历自然而然的流露，是以尼尔斯·玻尔伟大而又可爱的形象为核心的。作者希望新一代的物理学家可以在之后的内容中找到一些感兴趣的信息。

G. Gamow

乔治·伽莫夫

1965年1月

目录 contents

序 章

20世纪的开端预示着一个前所未有的时代的到来。从前牛顿时代以来，统治着物理学的经典理论被颠覆和重新评估。在1900年12月14日举办的德国物理学会会议上，马克斯·普朗克发表了演讲，提出如果作出这样的假设，辐射能仅以一份一份不连续的形式存在，那么困扰着经典理论的"物体放射光和吸收光"的悖论就能得到消除。普朗克将这些份称为"光量子"。5年后，阿尔伯特·爱因斯坦成功地将"光量子"思想应用到了解释光电效应的经验定律上。也就是说，在紫光和紫外线的照射下从金属表面逃逸出电子的现象。再后来，亚瑟·康普顿进行了他的经典实验，说明通过自由电子散射的X-射线之间遵循着与两个弹性球碰撞相同的规则。因此，在短短的几年时间里，辐射能量子化的这一新兴观点在理论物理和实验物理上稳稳地站住了脚跟。

　　1913年，一位丹麦物理学家，尼尔斯·玻尔，将普朗克辐射能量子化的观点扩展到了描述一个原子内部电子具有的机械能上。通过在原子水平的机械系统中引入确切的"量子化规则"，玻尔对欧内斯特·卢瑟福提出的原子行星模型给出了合理的解释，在此之前，这一模型仅停留在有稳固的实验基础，但与经典物理中所有基本概念产生强烈的冲突。玻尔计算了原子中电子的各种离散的量子能级，并将光的释放解释为一个"光量子"的放射，这个"光量子"的能量等同于原子中电子初始量子态和跃迁后最终量子态之间的能量差。根据他的计算，玻尔可以解释氢元素和较重元素谱线中的细节，而这些问题困扰了光谱学家数十年时间。玻尔在原子的量子理论上发表的第一篇论文带来了一系列突飞猛进的发展。10年间，由于各个领域中理论物理学家和实验物理学家共同的努力，人们都可以极其细致地了解光学、电磁学以及各种原子的化学性质。只是随着时间的推移，人们越来越清楚地知道，尽管玻尔的理论是如此成功，但是它并不是一个终极理论，因为仍有一些我们所了解的原子事实并不能被这个理论所解释。例如，它完全不能描述电子从一个量子态到另一个量子态的变换过程，并且根本不能用它计算出光谱中各种谱线的强度。

1925年，一位法国物理学家，路易斯·德·布罗意发表了一篇论文。在这篇论文中，对于玻尔的量子轨道，他给出了一个相当出人意料的解释。根据德·布罗意，每个电子的运动都受到了某种神秘导波的控制，它们传播的速度和波长都与电子速度相关。假设这些导波的波长与电子的速度成反比，那么，德·布罗意可以将玻尔氢原子模型中各个量子轨道与整数个导波对应起来。因此，原子模型看起来就像有一个基准音（也就是能量最低的最内侧轨道）和其他泛音（更高能的外侧轨道）的一种乐器。在他们发表后的一年里，德·布罗意的想法被奥地利物理学家厄尔文·薛定谔发展并写成了更精准的数学形式，薛定谔的理论成为了我们所知道的波动力学。在玻尔理论已经可以解释的所有原子现象的基础上，波动力学还能解释玻尔理论所不能解释的现象（比如谱线的强度等等）。此外，这个理论还预测出经典物理或是普朗克–玻尔量子理论中从未想象过的一些新现象（例如电子束的衍射）。事实上，波动理论为所有原子现象提供了一个完整而完美的自洽理论。并且，正如人们在20世纪末期所知道的，波动理论还可以解释放射性衰变现象以及人工原子核转换过程。

与薛定谔的波动力学论文同时期发表的，是一位年轻的德国物理学家W·海森堡的文章。他提出了用所谓的"非交换代数"来解释量子问题的一种方法，这个数学概念中a×b不一定与b×a的值相等。薛定谔和海森堡的论文在两个不同的德国杂志(《物理学年鉴》和《物理学杂志》)上的同时发表震惊了理论物理界。表面看起来,这两篇论文完全不同,但是得到的却是关于原子结构和原子谱线完全相同的结果。又过了一年多时间,人们才发现这两个理论除了以两种完全不同的数学形式表述以外,在物理上是相同的。就像在说,美国是由哥伦布向西航行横跨大西洋发现的,同时也可能是某些同样有探索精神的日本人向东航行跨越太平洋后发现的。

不过,在量子理论的王冠中仍残留着一根尖锐的刺,谁试图将机械系统量子化的时候都会使它感受到疼痛,因为所涉及的超高速度(接近光速),所以问题需要用到相对论的方法。人们试着将相对论和量子理论结合在一起,并进行了很多尝试,最后都以失败而告终。直到1929年,一位英国物理学家P·A·M·狄拉克,写下了他著名的相对论波动方程。这个方程的解给出了速度接近光速的原子内电子运动的完美描述,并且在无意识中,就像中奖了一样,同时也给出了它们的机械动量、角动量和磁矩。求解这个方程遇到的真正的一些困难使狄拉克想到,伴随着普通带负电的电子,一定也存在着带正电的反电子。几年之后,人们在宇宙射线中发现了反电子,他的预测被成功地证实了。而反粒子理论也从电子推广到基本粒子上。目前为止,我们已经有了反质子、反中子、反介子等等。

因此,到了1930年,也就是普朗克作出重大宣布的短短30年之后,量子理论最终成为我们现在所熟悉的样子。这些激动人心的发展之后,又过了几十年,理论上的进展就少之又少了。不过,这之后的几十年在实验性研究上成果颇丰,尤其是对于发现的许多新基本粒子的研究上。我们仍在等待着突破由困难组成的一面坚固壁垒,是它阻止我们理解现有的基本粒子—它们的质量、带电量、磁矩以及相互作用。毫无疑问的是,当实现这一突破的时候,将会出现与今天不同的概念,就像今天的概念与经典物理的概念不同一样。

在接下来的章节中,我将试图描绘出量子力学前30年动荡的发展过程中有关能量和物质的量子理论的成长。并且重点地指出"盛极一时"的经典物理学和20世纪中假设的物理学新面貌之间概念上的差别。

第一章　M·普朗克和光量子

马克斯·普朗克提出的这一革命性观点: 光只能以特定的离散能量包的形式被放射和吸收。它的根基可以追溯到路德维希·玻尔兹曼,詹姆斯·克拉克·麦克斯韦以及约西亚·威拉德·吉布斯[1]等人很早之前在物质体热学性能统计描述上所作的研究。热动力学理论认为: 热是组成所有物质体的不计其数的单个分子随机运动产生的结果。由于跟踪参与热运动的每个独立分子的运动是不可能做到的(同时也是没有必要的),所以对热现象的数学描述一定会用到统计学方法。就像在政府工作的经济学家并不会费劲去了解一位名叫约翰·多伊的农民到底播种了多少英亩土地或是他到底养了多少头猪一样,物理学家也并不关心由大量独立分子组成的一部分气体中,某个特定分子的位置和速度。而真正重要的,也就是对于国家经济或是对这部分气体可见的宏观影响,是大量农民或者大量分子所表现出的平均水平。

统计力学研究的是: 参与随机运动的独立粒子组成的庞大整体所表现出的物理性质的平均水平。其中一个基本定律是均分定理,这一定理可以根据牛顿力学定律从数学上推导出来。它的内容是: 在包含大量单独粒子的, 通过它们的相互碰撞彼此之间交换能量的集合中, 所包含的总能量等量地(平均)分配在所有粒子上。如果所有的粒子是相同的,例如在氧气或氖气这样的纯气体中,所有粒子的平均速度和平

1.路德维希·玻尔兹曼(1844-1906),奥地利物理学家,热力学和统计物理学的奠基人之一,最大的贡献是提出通过原子的性质解释和预测物质物理性质的统计力学,并用统计意义对热力学第二定律进行了阐释,提出玻尔兹曼分布率和玻尔兹曼熵公式;詹姆斯·克拉克·麦克斯韦(1831-1879),英国物理学家、数学家,经典电动力学创始人,统计物理学的奠基人之一,发表的《论电和磁》是继牛顿《自然哲学的数学原理》之后最重要的物理学经典;约西亚·威拉德·吉布斯(1839-1903),美国物理学家,奠定了化学热力学的基础,提出了吉布斯自由能和吉布斯相律。——译者注

均动能均相等。用E表示系统的总能量,用N表示系统中粒子的总数,那么每个粒子的平均能量就是E/N。如果系统中包括几种不同的粒子,比如两种或者两种以上不同气体的混合物,那么分子量越大的粒子所具有的速度就越小,这样它们的平均动能(动能与质量和速度的平方成正比)就可以等于质量较小的分子的平均动能。

用氢气和氧气的混合气体举例说明。氧气分子的质量是氢气分子质量的16倍,所以它的平均速度比氢气分子的平均速度慢$\sqrt{16}=4$倍。

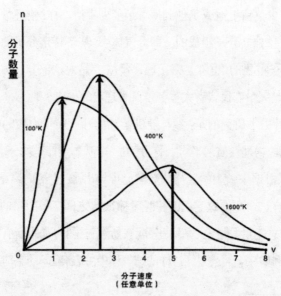

图1. 麦克斯韦分布:在三组不同的温度100°K, 400°K和1600°K下,不同分子速度v对应的分子数量n绘制成的曲线。由于容器中的分子数量保持恒定,所以三条曲线下围成的面积相等。分子的平均速度与绝对温度的平方根成正比增加。

虽然有均分定理来控制庞大粒子集合中成员间能量的平均分布。但是单个粒子的速度和能量都会偏离平均值,这种现象就被称为"统计波动"。这种波动也可以用数学形式来表达,从结果曲线中可以看出:在任意给定温度下,分子速度高于或低于平均值的分子的相对数量。这些曲线首次是由J·克拉克·麦克斯韦计算得到的,所以被命名为"麦克斯韦分布",图1所示的是3种不同温度下的气体。在分子热运动研究中应用统计学的方法十分成功地解释了物质体,尤其是气体的热力学性质。由于气体分子在空间中自由飞行,而不像在液体和固体中被紧紧地禁锢在一起,所以将理论应用于气体时就会被大大简化。

统计力学和热辐射

将近19世纪末,瑞利勋爵和詹姆斯·琼斯爵士试图将非常有助于理解物体热力学性质的统计学方法推广到了热辐射问题上。所有物质体在被加热时都会释放出不同波长的电磁波。如果加热到的温度相对较低——比如水的沸点——那么辐射出的主导波长会较长。这些波不会对我们的视网膜造成影响(即眼睛看不见辐射波),但是它们会被我们的皮肤所吸收,人们会感到温暖,由于这个特征,人们将其称为"热辐射",也叫"红外辐射"。当温度升高到大约600° C(这是电炉加热装置的特征温度)就能看到微弱的红光。当温度升高大约到2000° C时(这是电灯泡灯丝大致的温度),物体就会发出包含从红到紫所有可见辐射光谱波长的明亮白光。当温度升高到更高的4000° C(电弧温度),物体就会释放出大量不可见的紫外辐射,而随着温度再升高,光强会迅速地增加。在每个给定的温度下,总会有一个强度最大的主导振动频率,并且随着温度不断地升高,这个主频率也会越来越高。图2中给出了这一规则的函数图像,其中3条光谱强度的分布曲线分别对应着3个不同的温度。

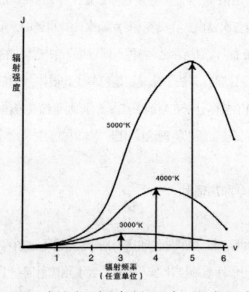

图2. 不同频率ν下观测到的辐射强度分布对应的频率绘制而成的曲线。由于单位体积所含的辐射能以绝对温度T的4次方的形式增加,所以曲线下与坐标轴围成的面积也在增加。最大强度对应的辐射频率与绝对温度成正比例增加。

对比图1和图2中的曲线,我们会发现二者变化的规律明显的相似。图1中随着温度的增加,曲线的极大值落在了分子速度更高的位置,而在图2中,温度的增加也会使曲线的极大值出现在辐射频率更高的位置。这种相似性促使瑞利和琼斯将应用在气体上十分成功的同一个均分定律也应用到了热辐射问题上。也就是说,假设总的辐射能在所有可能的振动频率上平均分布。然而,这个尝试导致了灾难性的结

12

果! 问题在于, 尽管个体分子组成的气体和各个电磁振动组成的热辐射之间存在所有这些相似之处。但是, 与此同时, 也存在着一个很大的区别: 在一个给定的容器里, 气体分子的数量虽然总是很庞大, 但也总是有限的, 而同一个容器范围内可能的电磁振动数量总是无穷多。要理解这句话, 我们就必须了解一个封闭的立方体容器中的波动模式, 这么说吧! 它是多种节点在容器壁上的驻波叠加而成的。

在一维波动的情况下, 可以更容易理解, 一维波的振动就像一根两端被固定住的绳子。由于绳子的两端不能动, 所以绳子的振动只可能像图3所示的一样, 它对应于音乐术语中振动琴弦的基本音调和各种泛音。在弦的整个长度上可能出现1个半波、2个半波、3个半波、10个半波、……, 10^2个半波、10^3个半波、10^6个半波、10^9个半波……等等任意数量的半波。各种泛音对应的振动频率就是基本音调频率的2倍、3倍、……、10倍、10^2倍、10^6倍、10^9倍……。

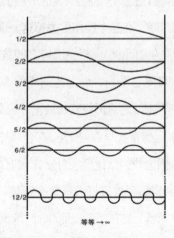

等等 → ∞

图3. 一维连续统中的基本音调和更高的各种泛音——比如小提琴琴弦的情况。

驻波在3维容器中的情况，比如在一个立方体中，情形是类似的，只不过会更复杂一些，都是产生了无限多个波长越来越短对应频率越来越高的不同振动。因此，如果E是容器内的总辐射能，那么均分定律产生的结果是：每个独立的振动可以分配到的能量为E /∞，也就是能量无限少！这一结论的矛盾是显而易见的，但是我们还可以通过下面的讨论更明显地指出均分定律应用在热辐射问题上的错误。

假设我们有一个立方体容器，名为"琼斯立方体"，它的内壁是由理想镜面组成，落在理想镜面上的光会100%地被反射出去。当然，这样的镜子并不存在，也无法被制造，因为即便是最好的镜子也会吸收一小部分入射光。不过，我们可以将这种理想镜子的概念引入到理论的讨论中去，当成理想镜面的一种极限情况。这种凭借着相信理想镜面、光滑表面、无重力杆等实验条件，并推导相应实验结果的推理过程，被称为"思维实验"，并且在理论物理的各个分支中经常会用到"思维实验"。如果我们在"琼斯立方体"的一面墙上开一个小窗口，并照进去一些光。接下来，在这个操作后关掉这个理想窗户，那么光将在其间留存无穷无尽的时间，在理想镜面墙之间被往复反射。一段时间之后，我们打开窗口便会看到一束逃逸的光线。这个例子大致上与在密闭容器中充上些气体，之后再将其释放是一样的。理想情况下，玻璃容器中的氢气会永远保留在里面。但是，在金属钯制成的容器中，氢气却不会存放太久，因为我们知道氢气分子比较容易透过这种材料扩散出去。另外，用玻璃容器存放氢氟酸也做不到，因为氢氟酸会与玻璃器壁发生化学反应。因此，装有理想镜面墙的"琼斯立方体"也不是哪里都完美的！

不过，封闭容器中的气体和辐射之间还是有一点区别的。由于分子不是数学上的点，而是有某个有限的直径，所以它们之间会进行大量的相互碰撞，并在碰撞的过程中进行能量交换。因此，如果我们在容器中注入一些高温气体和一些低温气体，那么分子间的相互碰撞很快就会让速度快的分子慢下来，让速度慢的分子快起来，从而导致能量的均匀分布，就像均分原理所说的那样。但在由点状分子形成的理想气体的情况下（当然，自然中并不存在），就不会有相互间的碰撞，气体高温的部分仍会保持高温，而气体低温的部分仍会保持低温。不过，理想气体中分子间的能量交换还是可以被激发的，而通过在容器中引入一个或者一些直径有限小的粒子（布朗粒子）就可以做到。快速运动的点状分子通过和布朗粒子碰撞，可以将自己的能量传递过去，接下来布朗粒子又会将能量传递到其他较慢的点状分子上。

而对于光波的例子，情况就不同了，因为两束路径相交的光线无论如何都不会影响到彼此接下来的传播[1]。因此，要在不同波长的驻波间进行能量交换，我们必须在容器中引入可以吸收和再释放所有可能波长的细微物体，这样在所有可能出现的振动之间可以允许能量交换的发生。常见的黑色物体，比如木炭，就有这种性质，至少对光谱的可见光部分可以实现，于是我们可以想象一种"理想黑体"，它在所有可能的波长上都会表现出同样的行为。在"琼斯立方体"中放置一些理想煤灰粒子，我们就可以解决这个能量交换问题。

现在，让我们开始进行这个"思维实验"，向原始空荡的"琼斯立方体"中注入一定量给定波长的辐射——不妨假设射入了一些红光。红光摄入之后的瞬间，立方体的内部只含有从一面墙壁到另一面墙壁

1.为了不影响到除了理解这个讨论所需的内容之外知道更多内容的一些读者，作者过早地在这里强调一下：根据现代量子电动力学，由光造成的一些光的散射是一定会发生的，因为有虚电子对形成。但是琼斯和普朗克那时不知道这一点。——作者注

的红色驻波，而其他所有的振动模式都不存在。这就像某人敲击了一架三角钢琴上一个单独的琴键一样。如果就像现实中会发生的，乐器不同琴弦之间只有十分微弱的能量交换，那么我们将会持续听到这个音高，直到传递到这根琴弦上的全部能量在阻尼的作用下衰减直至消失。但是，假如琴弦之间通过连接它们的电枢上有一个能量缺口，那么其他弦也将开始振动。根据均分定理，直到所有88根弦拥有的能量等于传递过来的总能量的1/88为止。

图4. 一台有无数个琴键的钢琴，延展到超声波区域再一直到无限频率。均分定律需要将一位音乐家在一个低频琴键上提供的所有能量一直传递到超出听觉范围的超声波区域！

但如果将一架钢琴参照"琼斯立方体"做类比，那么它一定会在右边进入超声波区域，并且拥有比极限还多的琴键（图4）。这样传递到听觉范围内的这根琴弦上的能量就会继续向右传递到高音区域，然后在无穷远的超声波振动区域中消失，于是在这架钢琴上弹奏的乐曲就变成了刺耳的尖叫。类似的，射入"琼斯立方体"的红光能量会逐渐转化为蓝光、紫光、紫外线、X-射线、γ-射线，等等，无穷无尽。坐在火炉前就变成了一件有勇无谋的事情，因为从看起来无害的发光燃煤所放射出来的红光，会很快变成核裂变产物中危险的高频辐射！

进入高音区域能量的逃逸，并不会给职业钢琴家造成任何切实的危险，这不仅是因为钢琴键盘的右边有极限，更主要的原因是，就像之前提到的，每根琴弦的振动衰减得太快以至于只有很小一部分能量转移到了邻近的琴弦上。然而，以辐射能为例，情况就会严重得多。并且如果要考虑均分定律，那么锅炉上开着的门就会是产生X-射线和Y-射线无尽的源泉。所以很明显，19世纪物理学的论证中一定存在某种错误，并且为了避免理论上会发生但现实当中从未出现过的紫外灾变，一定要做些重大改变。

马克斯·普朗克和能量量子化

辐射热力学的问题是由马克斯·普朗克解决的，他是一位纯粹的经典物理学家（对此他当之无愧）。现在人们所熟知的现代物理学就是他开创的。在世纪之交的那年，也就是1900年的12月4日德国物理学会会议上，普朗克对这一问题发表了自己的观点，这些想法如此的不寻常和奇特，即便在听众和整个物理学界引起了强烈的热潮，但连他自己都觉得难以置信。

马克斯·普朗克于1858年出生在基尔市，之后随家人来到了慕尼黑。他在慕尼黑的马西米兰中学上学（高中），毕业后就读于慕尼黑大学，在那里学习了3年物理。之后的一年，他去了柏林大学，在那里他遇到了一批当时著名的物理学家，赫尔曼·冯·亥姆霍兹，古斯塔夫·基尔霍夫和鲁道夫·克劳修斯[1]，并学习了关于热理论，也就是学术上所说的热力学的很多知识。回到慕尼黑后，他发表了一篇关于热力学第二定律的博士论文，并于1879年获得了他的博士学位，之后便留在慕尼黑大学担任讲师。6年后，他接受了基尔大学的副教授职位。1889年，他以副教授的身份来到柏林大学，在1892年成为了正教授。再后来的一个职位在当时是德国最高的学术职位，并且普朗克一直在这个职位上工作直到他70岁退休。普朗克退休后，仍保持参加学术活动并坚持做公众演讲一直到他去世的时候，他离世的时候将近90岁。他最后的两篇论文《科学自传》和《物理学中因果关系的概念》发表在1947年，也就是他去世的那一年。

　　普朗克是他所处时代中一位典型的德国教授，严谨而带些学究气，但仍然是个温暖的人，他与阿诺德·索姆菲尔德的往来信件就证明了这一点。索姆菲尔德继续了尼尔斯·玻尔的研究工作，将量子理论应用到原子结构中去。索姆菲尔德在给普朗克的一封信中提到普朗克的量子化概念，他这样写道：

　　　　你种植原始的土壤，

　　　　采摘花是我唯一的辛劳。

　　普朗克对此作出了回应：

1.赫尔曼·冯·亥姆霍兹，(1821-1894)，德国物理学家、生理学家，著作有《论音调的感觉》、《作为乐理的生理学基础的音调感受的研究》及《生理光学手册》；古斯塔夫·基尔霍夫，(1822-1887)，德国物理学家，在电路和光谱学的基本原理有重要贡献，创造了"黑体"一词；鲁道夫·克劳修斯，(1822-1888)，德国物理学家、数学家，热力学的主要奠基人之一。——译者注

你摘了几朵花，我也摘了几朵花，

之后我想将它们穿插在一起；

我们在彼此的花展中交换所有，

组合成的花篮才最耀眼旖丽[1]。

由于他在科学上的成就，马克斯·普朗克获得了许多的学术荣誉。1894年，他成为普鲁士科学院的成员，并于1926年被选为伦敦皇家学会的异国会员。尽管他没有在天文学学科中做出贡献，但人们为了纪念他，新发现的小行星之一就以他的名字来命名，叫做"普朗克星"。

在他长久的一生当中，马克斯·普朗克几乎只对热力学问题感兴趣，并且他发表的许多论文都足以重要使年仅34岁的他就能获得柏林大学教授的荣誉职位。不过，他科学成果中一次真正的爆发是发现了能量子，并且他也因此获得了1918年的诺贝尔奖。这个奖项来的相当晚，那一年他都已经42岁了。当然，42岁在一个普通人的职业生涯中并不算晚，但对于一个理论物理学家来说，通常在25岁左右就完成了人生中最重要的工作，因为在这个年纪，他们已经有足够的时间学习到相当多的现有理论，并且这时候头脑仍然敏捷到可以产生新的、大胆的、革命性的想法。举些例子，艾萨克·牛顿在23岁时想到了万有引力定律；阿尔伯特·爱因斯坦在26岁时创立了相对论；而尼尔斯·玻尔在27岁时发表了他的原子结构理论。谦虚地一提，本书作者也是在24岁的年纪，发表了他这一最重要的工作成果，这一工作成果是关于原子核的

1.摘自《科学自传》，作者M·普朗克，英文译文来自F·盖纳。资料来自纽约，1949，哲学文库。——作者注

自发与人工转换。在演讲中普朗克说道，根据他相当复杂的计算，瑞利和琼斯所得到的矛盾的结果可以被消除，并且紫外灾变的危害也可以被避免，只要我们假设电磁波的能量（包括光波）只能以特定的离散包的形式存在，或者说量子的形式存在，并且每个离散包中所含的能量直接正比于相应的频率。

统计物理学领域的理论考虑是出了名的难，不过通过分析图5，我们可以试图理解一下，普朗克的假设是如何"阻止"辐射能泄漏到光谱中无限的高频区域的。

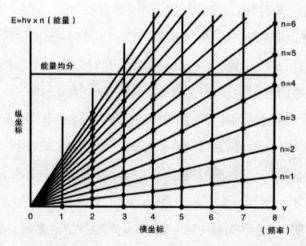

图5. 根据普朗克的假设，如果每个频率v对应的能量一定是量子hv的整数倍，那么情况就和之前的图片有所不同了。比如说，$v=4$对应着8种可能的振动模式，而$v=8$只对应着4种可能的振动模式。这一限制减少了高频区域可能的振动模式的数量，从而消除了琼斯理论中的矛盾。

在这张图中，"一维琼斯立方体"中可能的频率标注在了横坐标上，标记为1、2、3、4等等；在纵坐标中标注上可以分配给每个可能频率的振动能量。经典物理学中，任何能量值都是被允许的（即通过1，2、3纵坐标上的任意一点），统计学上能量的分布结果是在所有可能的频率上的能量均分。另一方面，普朗克的假设只允许能量值以离散的结果出现，只能等于1、2、3……，并且离散的能量值对应于给定的频率。由于假设每个能量包中所包含的能量与频率成正比，于是我们可以得到图中黑色圆点所示的允许的能量值。频率越高，在任意给定的限制下可能的能量值个数就越少，这一结果限制了高频振动获得更多附加能量的能力。于是，尽管高频振动的数量有无穷多，并且每一份能量都较大，但它所能获取的能量份额却是有限的。

有人说假话有3类，"谎言、善意的谎言和统计学"，但是在普朗克计算的这个例子中，统计学得到的却几乎是事实。他计算得到的热辐射光谱能量分布的理论公式，与图2所示的观测结果完全吻合。

瑞利-琼斯函数图像一飞冲天，需要无穷多的总能量，而普朗克公式的函数在高频处落了下来，并且图像形状与观测曲线完美一致。普朗克假设辐射量子组成的能量与频率成正比，这个假设可以写为：

$$E=h\nu$$

其中ν（希腊字母nu）表示频率，h是一个通用常数，被称为"普朗克常数"或"量子常数"。为了使普朗克的理论曲线与观测曲线重合，h必须被赋予一个确切的数值，可得在厘米-克-秒的单位制下，数值等于6.77×10^{-27}[1]。

由于这个常数数值上很小，使得量子理论在我们日常生活所遇到

1.量子常数h的物理量纲是能量和时间的乘积或在米-克-秒单位制中量子常数的单位为尔格·秒/，在经典力学中被称为"函"；"函"出现在了许多重要的思想当中，比如哈密顿原理中的泛函取极小值法。——作者注

的宏观现象中并不重要，并且它只会在研究原子层面发生的过程当中出现。

光量子和光电效应

将量子的魂魄从瓶中释放出来以后，马克斯·普朗克自己却被它吓得要死，他更愿意相信能量包不是由于光波本身的性质造成的，而是由于原子只能放射和吸收特定离散化量子的内部属性。辐射量就像一块黄油，人们只能从超市买来或退还1/4磅的这种商品，尽管黄油本身能切出任何需要的分量（当然，少于一个黄油分子的量就达不到了！）。在普朗克最初的假设提出的仅仅5年后，光量子就被确立为一个物理实体，独立于被原子放射和吸收的机制而存在。这向前的一步是由阿尔伯特·爱因斯坦于1905年发表的文章所做出的，就在这一年，他发表了自己关于相对论的第一篇文章。爱因斯坦指出，自由穿梭在空间中的光量子的存在为解释光电效应经验公式所需的必要条件。光电效应，即在紫光或紫外线的辐射下有电子从金属表面逸出的现象。

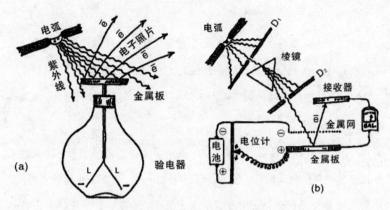

图6. 对于光电效应的实验研究。

图（a）所示是演示光电效应的一种基本方法。电弧发出的紫外辐射将电子从连有验电器的金属板上放射出去。带负电的叶片L本来相互排斥，由于失去电子而并在了一起。图（b）所示是一种现代的方法。电弧发出的紫外辐射首先需要通过一个只允许某个选定频率落在金属板上的棱镜。通过转动棱镜，我们可以选择一条单色光，并将它的方向导向金属板。光电子的能量是通过它们经过金属板到接收器的能力来测量的，光电子的运动需要抵抗金属板和金属网之间的电位计所产生的力。

　　演示光电效应的一个基本装置由图6a所示，它由一个带负电的普通验电器以及一块连接着电位计的不带电金属板P组成。当一束含有大量紫光和紫外光的光线从电弧A发出落到了金属板上时，我们会观察到电位计的叶片L合并在一起了，与放电的现象一致。所有人中，有一位美国物理学家罗伯特·米利肯（1868-1953）曾一遍一遍地演示带负电的粒子（电子）从金属板上逃逸的过程。如果在电弧和金属板之间插入一块能吸收紫外线的玻璃板，那么电子就不会逃逸出去，这切实地证明了射线的作用导致了放电。为了细致地研究光电效应定律，人们使用了一个更精致的装置，如示意图6b所示。该装置包括：

23

（1）一块石英或者一个氟化物棱镜（紫外线可以透过）以及一条狭缝以允许选择的所需波长的单色辐射光通过。

（2）一组可旋转的带有各种不同型号的三角形开口的圆盘，以允许辐射强度的改变。

（3）一个真空容器，跟收音机中的电子管稍微有些相似。释放光电子的金属板P和金属网G之间施加了不同的电势。如果金属网带负电，并且金属板和金属网之间的电势差大于或等于光电子以电子伏特表示的动能，那么系统中就没有电流流过。反之就会有电流，并且电流强度可以通过电流计GM测量出来。通过使用这个装置，我们可以测量出任意给定强度和波长（频率）的入射光所激发出的电子的数量和动能。

用不同种金属进行光电效应的研究，得出了两个简单的定律：

（1）对于给定频率但强度不同的光，光电子的能量保持不变，但它们的数量与光的强度成正比增加（如图7a）。

（2）对于不同频率的光，直到频率超过一个特定的极限 ν_0 否则没有光量子释放，而不同金属的频率极限是不同的。超出这个频率门槛值以后，光电子的能量呈线性增加，且正比于入射光频率和金属临界频率 ν_0 之间的差值（如图7b）。

我们无法基于经典光学理论来解释这些完善的事实，在某些方面，现象甚至会有悖于经典理论。我们都知道，光是短的电磁波，并且光强的增加一定意味着在空间中传播的振荡电力和磁力的增加。由于电子显然是在电力的作用下从金属表面逃逸出来的，所以光电子的能量应该随着光强的增加而增加，而不是像实验结果那样保持不变。另外，在光的经典电磁理论中，光电子的能量和入射光频率之间不可能是线性关系。

利用普朗克的光量子概念，并假设它们在现实当中是以独立的能量包存在并在空间中穿梭，爱因斯坦便能够对这两个光电效应的经验定律给出一个完美的解释。他将光电效应的基本现象看作一个单个入射的光量子与金属中产生电流的传导电子之一发生碰撞的结果。在这种碰撞中，光量子消失了，将它的全部能量传递给了金属表面的导电电子。但是，为了跨越金属表面进入到自由空间中去，电子必须将一部分能量用来使自己脱离金属离子的吸引。这部分能量具有一个稍微有些误导性的名称，叫做"功函数"，从不同的金属表面逃逸需要的"功函数"不同，通常用符号W来表示。因此，从金属表面逃逸出来的一个光电子所具有的动能K为：

$$K = h(\nu - \nu_0) = h\nu - W$$

其中ν_0为入射光的临界频率，临界频率之下的光照射将不会发生光电效应。这一公式立即解释了从实验中得到的两条定律。如果入射光的频率保持不变，那么每个量子所含的能量保持不变，并且光强的增加只会使光量子的数量相应增加。因此逃逸出了更多的光电子，而每个光电子的能量与原先相同。将K写成ν的函数的这个公式，解释了图7b中所示的经验图像，并说明对于所有金属直线的斜率都应当是相同的，数值上都等于h。爱因斯坦对光电效应分析的这一结果与实验结果完全吻合，使光量子的事实没有留下疑问。

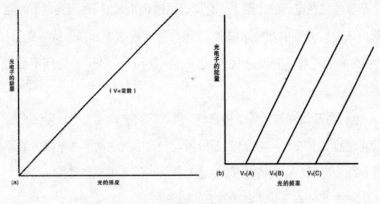

图7. 光电效率定律。

图（a）中电子的数量是入射的单色光光强的函数；

图（b）中光电子的能量是入射的单色光频率的函数，3条曲线分别对应着3种不同的金属A, B和C。

康普顿效应

1923年，美国物理学家亚瑟·康普顿进行了一个证实光量子真实性的重要实验，他想研究光量子与在空间中自由运动的电子之间发生的碰撞。理想中可以通过在电子束中照射一束光来观察碰撞的结果。不幸的是，即使在可能达到的强度最强的电子束中，电子的数量仍少到为了看到一次碰撞需要等上几个世纪。康普顿用X–射线解决了这个难题，X–射线中的量子具有大量的能量，因为X–射线的频率极高。相较于每个X–射线量子所具有的能量，被束缚在轻元素原子中的电子具有的能量可以忽略不计，并且我们可以认为它们（电子）是不受约束且相当自由的。设想光量子和一个电子之间的一次自由碰撞，就像我们所考虑的两个弹性球发生碰撞一样，可以认为散射X–射线的能量会随着散射角的增加而减小，所以频率也会降低。康普顿的实验（图8）结果与上述理论预测完全相符，并且符合根据两个弹性球碰撞中的能量守恒和机械动量守恒所推导出来的公式。这一次理论与实验的相符又为光量子的存在给出了附加证明。

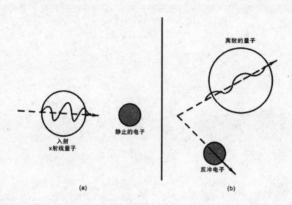

图8. 康普顿X-射线散射。注意到由于能量损失在传递给电子上，所以碰撞后X-射线量子的波长增加了。

第二章 N·玻尔和量子轨道

光在空间中传播只能以离散的能量包（光量子）的形式被物质放射和吸收，并且光量子所具有的能量严格受振动频率的决定，这一发现对原子结构本身的现代观点有着深远的影响。1897年，当J·J·汤姆森用直接实验证明微小的带负电粒子（电子）可以从原子中提取出来，留下带正电的剩余物质（离子）时，人们就清楚地认识到，原子是物质不可再分的组成单位，它并不像这个名字的希腊语所暗示的那样。而恰恰相反，它是由带正电和带负电的部分组成的较复杂的系统。汤姆森将原子看作由带正电的粒子和带负电的电子组成。其中一些带正电的物质相对均匀地分散在整个原子中，带负电的电子埋藏在其中这一组成，电子就像是在一块球形葡萄干面包里镶嵌的葡萄干一样。电子被正电荷分布的中心所吸引，并且根据电相互作用的库仑定律，它们彼此间相互排斥。当两组相对的力处于平衡时，原子便处于通常的状态。如果一个原子由于与另一个原子或一个经过的自由电子发生碰撞而受到干扰（或者用物理学家的话说，"受到激发"），那么原子内部的电子（就像三角钢琴中的琴弦一样）就会开始在平衡位置振动，并放射出一组特征光频，产生了可以观测到的谱线。不同化学元素的原子具有不同数量不同分布的内部电子，电子具有不同的特征频率，所以观察到的光谱是不同的（如图9）。如果汤姆逊的原子模型可以被接受，那么通过经典力学方法就可能计算出具有给定数量内部电子的原子中电子的平衡分布，并且计算出的特征振动频率应当与各种元素观测到的谱线相吻合。

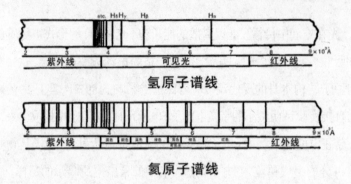

氢原子谱线

氦原子谱线

图9. 将只有一个电子运动产生的简单氢原子谱线与两个电子产生的复杂且看起来无规律的氦原子谱线相比较。两个光谱均延伸到紫外区和红外区之外很多。

为了寻找到原子内部电子的排布，汤姆森和学生们一起做了许多复杂的计算，计算得到的振动频率应当与观测到的各种化学元素谱线中的频率相一致。但结果是令人失望的不一致。基于汤姆森模型理论所计算出的光谱根本不像所观察到的任何化学元素的谱线。越来越明显的是，应当要对汤姆森的经典原子模型做一些彻底地改变。一位年轻的丹麦物理学家尤其强调了这一观点，他以一篇《带电粒子通过物质的路径理论》的论文在哥本哈根大学获得了博士学位之后，于1911年到英国剑桥大学的卡文迪许实验室，在J·J·汤姆森的指导下参与了小组研究。玻尔认为，由于不能再把光当作连续传递的波，而被赋予了一种神秘的附加属性，以确定大小的离散能量包形式放射和吸收，所以基于经典牛顿力学建立的汤姆森原子模型应当要作出相应的变化。如果光的电磁能是"量子化"的——即，受到1个、2个、3个或更多光量子（$h\nu$、$2h\nu$、$3h\nu$......）这种确定部分的限制——那么原子中电子的机械能也是量子化的，即电子的能量也只能以一组离散的值出现，而中间值由于自然界某种仍未发现的规则被禁止,这样的假设难道不合理吗?事实上,如果原子系统是根据经典牛顿力学的规则建立的,正如汤姆森的原子模型那样,还能以普朗克光量子的形式释放和吸收光,这将是奇怪的,因为普朗克光量子根本不符合经典物理学框架的思想!

卢瑟福的原子核理论

J·J·汤姆森不喜欢这个丹麦年轻人的这些革命性观点。许多尖锐的争论迫使玻尔做出了离开剑桥的决定,将他剩下的外国奖学金用在了对他电子运动量子化仍模糊的观点少一些反对意见的地方。他选择了曼彻斯特大学,那里的物理学主席是一位新西兰农民的儿子,也是汤姆森之前的学生,他的名字叫欧内斯特·卢瑟福。之后,由于他在科学上的发现,被授予了欧内斯特爵士称号以及后来的纳尔逊的卢瑟福勋爵称号。当玻尔到达曼彻斯特时,卢瑟福正在原子内部结构的划时代研究当中,用当时新发现的放射性物质放射出的"α-粒子"组成的高能投射物向原子射击。更早的研究大部分是在加拿大的麦吉尔大学进行的。通过这些实验,卢瑟福已经能够证明放射性物质所放射的α-粒子不是别的,就是带正电的氦原子核以物理学中从未出现过的极高速度运动。从放射性元素不稳定的重原子中放射出来的α-粒子通常还会伴随着电子(β-粒子)的放射以及就像普通的X-射线一样的高频电磁辐射(γ-射线),只是γ-射线的波长要短很多。如果有人想击碎一些东西,正常的选择是抛掷实心铁球,而不是很轻的乒乓球,所以卢瑟福认为质量较大的α-粒子会比较轻的β-粒子更容易穿透进入原子内部。实验装置很简单(图10),将可以放射出α-粒子的少量放射性物质,比如镭,放在针头上,并置于测量用的金属制薄膜(F)有一段间距的位置。当辐射线通过一个隔板(D)后,形成了一条细细的α-粒子束。在穿透薄膜的过程中,α-粒子与组成结构中的原子发生碰撞,一部分粒子就散射到了薄膜另一边的各个方向。落在薄膜后面荧光屏(S)上时,每个α-粒子都会在撞击的点产生一个微弱的火光(闪烁)。通过显微镜(M)观察这些闪烁,我们就可以对从初始方向散射到不同角度的粒子进行计数,就像用武器射击目标时,射击手可以测量从弹孔到靶心的偏移量。在他的实验中卢瑟福注意到,虽然大部分粒子透过薄膜并没有发生偏转,而是形成了一个正对于隔板开口的亮点(靶心),但是有一些粒子发生了相当大角度的偏折。稍微改变一下实验装置就会发现,在很少的情况下,α-粒子几乎沿相反方向向着源头被弹射了回去。

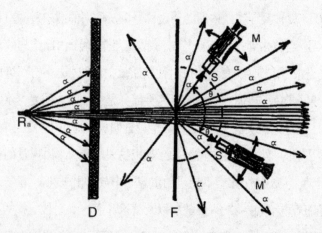

图10. 卢瑟福研究α-散射角度关系的装置。

这一观测结果与基于汤姆森原子模型推测的结果产生了直接矛盾。推测应当是这样的,穿透原子的过程中,入射的α-粒子可能会在原子内电子的静电吸引或可以被扩散的正电荷的静电斥力作用下使其偏离原始轨迹。而电子比α-粒子轻将近10,000倍，与电子的作用当然不会对α-粒子的运动产生任何可观测到的偏转。另一方面，汤姆森模型中的带正电物质在整个原子中的分布非常地稀薄，以至于不会使穿过的α-粒子轨迹产生任何明显的偏转。事实上，如果我们在一块煤上扔一个铁球，它会以一个奇怪的角度从它上面反弹，也许会将煤分成几块。但是，如果我们把同一块煤磨成细粉，并把同一个铁球扔进所产生的煤尘中，它将径直穿过而不发生任何偏转。卢瑟福散射实验中观测到的很大的偏转切实地证明了原子中的正电荷（与绝大部分原子的质量）并不是分布在整个原子中，就像之前的例子中所描述的煤尘一样，而是像一块固体煤，在一颗小小的坚硬的坚果里——这就是原子核。依据实验观察到散射到各个方向落在荧光台上的α-粒子数量，与粒子在斥力中心场运动的理论结果相吻合，粒子在静电场中受到的力与距离的平方成反比。

因此，卢瑟福的原子模型诞生了。带负电的较轻电子在周围自由的空间运动，它环绕着中心一个较大质量的带正电的原子核，跟我们的太阳系多少有些像。由于静电吸引的库仑定律在数学上和牛顿的万有引力一致（都是力与距离的平方成反比），所以原子中的电子沿着圆形或椭圆形轨道在原子核周围转动，就像行星绕着太阳转动一样。

但是，这其中有一个巨大的区别，就是太阳和行星都是电中性的，而原子核和电子都带着很大的电量。众所周知，振荡的带电体会产生发散的电磁波。卢瑟福的原子模型可以被看作以超高频率电磁波运作的小型广播电台。通过电磁辐射的经典理论，我们可以轻松地计算出电子环绕原子核所放射的光波将会在大约1/100,000,000秒内把所有电子的能量传送到空间中。而当原子内电子失去了它们所有的能量，就一定会坍缩到原子核里，原子就会不复存在！

严格来讲，太阳系的行星也会出现相似的能量损失。根据爱因斯坦的广义相对论，引力质量体的摄动同样会放射出"引力波"并带走能量。但是，由于牛顿常量数值很小，所以行星通过引力辐射失去的能量极其微弱。并且，由于行星的形成大约是在四五十亿年前，所以它们失去的能量不可能超出原始能量的几个百分点。

力学系统的量子化

但是根据卢瑟福模型建立起来的原子能做什么呢？正如我们之前提到的，理论上来讲，这样的原子存在的时间不能超过1/100,000,000秒，但是实际上原子是可以永远存在下去的。这就是年轻的玻尔到达曼彻斯特后所面临的问题。

这种理论预期的结果与观测到的现象或者甚至是常识之间的这种惊人矛盾，就是促进科学向前发展的主要因素。A·A·迈克尔逊不能检测地球在光以太中的运动，从而引导爱因斯坦制定了相对论，改变了我们对空间和时间的常识观念，并在经典物理学中引起了深刻的变化。与之类似的是，在前一章中讨论的紫外灾变将普朗克引导向"光量子"这一全新的概念。

实验结果在理论上的不可能性，证明了卢瑟福的原子模型就像玻尔强烈感觉的一样，如果电磁能是量子化的，那么机械能一定也是量子化的，尽管可能是以一种稍微不同的方式。事实上，当一个激发态的原子释放出一个能量为$h\nu$的光量子，它的机械能也一定是减少这一确切的数值。由于原子光谱是由一系列离散的、明确的谱线组成的，所以原子可能的不同状态间的能量差也一定具有明确定义的数值，并且这些状态本身的绝对能量也一定如此。这让人联想到，原子机制多少和汽车变速箱有些相似。我们可以挂1档（头档）运行，2档或是3档等等，但是不可能在开车时挂$\frac{1}{2}$档或者$3\frac{3}{5}$档。

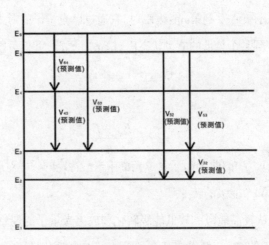

图11. 玻尔对于里德伯定律的解释

令E_1, E_2, E_3, E_4……是一个原子不同状态下具有的可能能量值，增序排列（图11）。原子总会具有一些内部能量，但是当这个能量值降低到最低可能的能级E1，就没有剩余能量再释放出一个光量子了。E_1是原子的常规态或是基态，在这个状态下原子可以永远存在下去。人们将其称之为"零点能"，对于一个振荡子的情况零点能为$1/2h\nu$。现在假设原子处于更高能级E_n的激发态。这一能量是可以达到的，比如通过将气体加热到非常高的温度，达到太阳大气的温度时，原子就由

37

于彼此间激烈的热运动而发生相互碰撞达到了激发态。另一种激发原子的方法是在充满稀薄气体的玻璃管中通入高压电[1]。在玻璃管内从负极（阴极）到正极（阳极）快速运动的电子的撞击下原子被激发。气体在高压放电通过时变亮（发光）的这种装置，最开始被称作"盖斯勒管"，由它们的发明者海因里希·盖斯勒的名字命名。今天它们随处可见，你会在发光的街头标志和其他发光设备上看到它们。

当原子被激发到第m能级E_m时，它通过以光量子的形式释放出能量差，返回到某个较低的能量状态E_n（n<m）。因此，我们可以写作：

$$H\nu_{m,n}=E_m-E_n$$

或者

$$\nu_{m,n}=\frac{E_m-E_n}{h}$$

其中$\nu_{m,n}$中的两个标记表示光谱中这一特定的频率对应着从第m个能级到第n个能级的转变。

原子从较高能级到较低能级转化释放出光量子的现象伴随着一个十分有趣的结论。假设在某个元素的光谱中，我们观察到了两条谱线，它们分别对应着从第6量子能级到第4能级和从第4能级到第3能级（图11左边）。那么就可能出现直接从第6量子能级到第3量子能级的跃迁，并且我们发现了对应于这一频率的谱线：

$$\nu_{6,3}=\nu_{6,4}+\nu_{4,3}$$

还是这张图，右边的情况完全相反。从可以观察到的两个频率$\nu_{5,2}$和$\nu_{5,3}$来推测，我们也可以观测到这一频率：

1.必须使用稀薄气体，这样电子在两次碰撞间可以有足够的时间间隔由电场加速重新获得在碰撞中失去的能量。在通常的大气压下，气体并不导电，但是一旦气压变得很高，就会以电火花的形式产生瞬间的击穿。——作者注

$$\nu_{3,2}=\nu_{5,3}-\nu_{5,2}$$

一位瑞士的光谱学家W·里兹发现的加减法这一定律,当时尼尔斯·玻尔仍是一名学生。但是量子理论之前,光谱学的里兹定律和其他观测到的频率间类似的数值规律只是一个令人困惑的谜团,不能用合理的方法解释它们。不过,尼尔斯·玻尔通过引入原子中电子离散的量子态的思想试图解决原子释放和吸收光的问题上,这些经验规则对此会有很大的帮助。

在他开始的研究中,玻尔选择了氢原子,也就是最轻的原子。并且假设它是原子结构最简单的原子,并且人们知道它具有一个十分简单的光谱。1885年,一位对原子谱线规律感兴趣的瑞士教师,J·J·巴尔末发现,氢原子可见光部分的频率可以用一个十分简单的公式精准地表示。这些谱线的频率,图9的左边所示(其中不同频率的光以对应的波长表示$\lambda=c/\nu$),用下面的列表给出:

$$H_{\alpha}\text{——}\nu_1=4.569\times10^{14}\,sec^{-1}$$

$$H_{\beta}\text{——}\nu_2=6.618\times10^{14}\,sec^{-1}$$

$$H_{\gamma}\text{——}\nu_3=6.908\times10^{14}\,sec^{-1}$$

$$H_{\delta}\text{——}\nu_4=7.310\times10^{14}\,sec^{-1}$$

这些数据可以从以下方程得到,读者也可以自行验证:

$$\nu_{m,n}=3.289\times10^{15}(\frac{1}{4}-\frac{1}{m^2})\,sec^{-1}$$

其中m可以取3,4,5,6[1]。由于更大的n值对应的频率落入到了紫外区域,所以这里的谱线会变得越来越紧密,最后收敛到下面这个值:

1.上式中的系数通常用R表示,称为"里德伯数",尽管把它叫作"巴尔默常数"应该更合适一些。——作者注

$$3.289 \times 10^{15} \times \frac{1}{4} = 6.225 \times 10^{14} \ \text{sec}^{-1}$$

在玻尔描述的释放出的光量子 $h\nu_{m,n}$ 和原子能量状态（或能级）E_m、E_n 之间关系中，巴尔末方程告诉我们，序列中第m条谱线是由于激发态的氢原子从第m级到第2级的跃迁（因为 $4=2^2$）。如果将巴尔末方程中的：

$$\frac{1}{4} = \frac{1}{2^2}$$

用这个替代：

$$1 = \frac{1}{1^2}$$

并令m=2, 3, 4......，那么，我们就获得了落入远处紫外区域的一系列谱线，这实际上是西奥多·莱曼发现的。此外，如果将巴尔末公式中的第一项选作：

$$\frac{1}{9} = \frac{1}{3^2} \ \text{或者} \ \frac{1}{16} = \frac{1}{4^2},$$

那么，我们就得到了落入远处红外区域的一系列光频，这分别是费里德里希·帕邢和弗雷德里克·布兰克特发现的。因此，机械量子态一定像图12所示的那样，这张图还表示出了跃迁产生的莱曼谱线、巴尔末谱线、帕邢谱线和布兰克特谱线的释放。

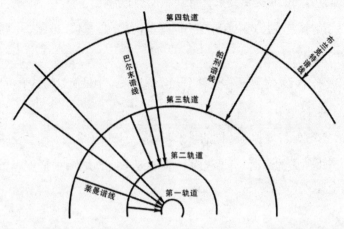

图12. 玻尔氢原子的原始模型。莱曼谱线在紫外区域, 巴尔末谱线在光谱的可见光区域, 而帕邢谱线和布兰克特谱线则在红外区域。

于是, 整个光谱中的每一条谱线都是由两个量子能级的标识m和n定义的, 在这两个能级之间发生了跃迁(从第m能级开始到第n能级结束)。由于光量子的能量等于开始的能级和结束的能级之间的能量差, 所以, 广义的巴尔末公式应当被写作:

$$h\nu_{m,n} = Rh[(-\frac{1}{m^2})-(-\frac{1}{n^2})]$$

或

$$h\nu_{m,n} = (-\frac{Rh}{m^2}) - (-\frac{Rh}{n^2})$$

其中, 括号中的两个量分别代表两个能级E_m和E_n的能量。将能量写成负数的原因是, 按照惯例, 我们将能量为零对应于系统中所有部分相距彼此无穷远的状态。因此, 如果系统的能量为正, 那么, 它不是聚集在一起, 所有组成部分都会飞散。在一个稳定的系统中, 比如行星围绕太阳运行的系统或是电子围绕原子核运动的系统, 能量是负值, 就

41

需要来自外界的能量提供到系统当中而使它们分离。

为了解释上述公式中氢原子不同能量状态的能量值，玻尔做了两个简化的假设：

第一个假设：氢原子作为整个元素周期系统中最简单的原子，只包含一个电子。

第二个假设：氢原子不同的量子态对应于该电子沿着不同半径的圆形轨道上所做的运动。有了这两个假设，从下面的关系，我们就应当可以找到电子的量子轨道：

$$E_n = -\frac{Rh}{n^2}$$

考虑处于第n级激发态的氢原子中电子的轨道运动，将电子在第n能级的轨道半径和在轨速度分别记为r_n和v_n。电子的质量为m_e，带电量为$-e$，同时原子核（在这个例子中原子核是一个质子）的带电量为$+e$。电子的圆周运动所处的力学条件是：静电引力$\frac{e^2}{r^2}$与离心力$\frac{mv^2}{r}$相平衡。于是从

$$-\frac{e^2}{r^2} + \frac{m_e v^2}{r} = 0$$

可得

$$v = \frac{e}{\sqrt{m_e r}}$$

从而得到了运动电子沿着半径为r的圆所需的速度v。根据这个经典力学的方程，电子可以沿着任意所给的圆形轨道运动，只要它具有所需要的速度。

那么，有什么量子条件使电子只选择能量为$E_n = -Rh/n^2$的轨道呢？

在前面章节中描述的辐射量子理论中，我们说给定频率ν的振动只能携带1个、2个、3个或更多个光量子的能量，所以$\varepsilon_n = \frac{Rh}{n}$（其中n=1，2，3……）。我们可以将其写为这种形式：

$$\frac{E_n}{\nu} = -nh$$

意思是，E/ν这个量只能等于量子常数h的整数倍应当在此提一下，h的物理量纲是：

$$|泛函| = \frac{|能量|}{|频率|} = \frac{|质量| \cdot |速度|^2}{|频率|}$$

$$= \frac{|质量| \cdot |长度|^2}{|时间|^{-1}|时间|^2} = |质量| \cdot \frac{|长度|}{|时间|} \cdot |长度|$$

$$= |质量| \cdot |速度| \cdot |长度|$$

粒子的质量、速度与距离的乘积是一个常用物理量，被称为"函"，它在经典分析力学中起到重要的作用。例如，一位法国数学家P·L·M·德·莫佩尔蒂于1747年得到的"最小泛函原理"中说道：在机械力作用下的一个粒子从A点到B点运动，它会沿着两点间的所有可能轨迹中从A到B"总泛函"最大或最小的一条路径运动。普朗克的光量子定律为莫佩尔蒂定原理补充了一个附加条件："总泛函"一定总是一个整数乘以h。

在电子绕核运动的闭合圆形轨道的情况下，量子条件就要求电子的质量速度以及一次公转所走过的距离三者的乘积必须是h的整数倍。因此，对于第n条玻尔轨道有：

$$m_e \cdot v_n \cdot 2\pi r_n = nh$$

$$m_e \cdot \frac{e}{\sqrt{m_e r_n}} \cdot 2\pi r_n =$$

$$= 2\pi e \sqrt{m_e} \sqrt{r_n} = nh$$

或

$$r_n = \frac{h^2}{4\pi^2 e^2 m} \cdot n^2$$

我们现在可以计算一个电子在第n轨道上的总能量E_n，即电子动能K和势能U的和。用之前给出的速度表达式$v = e/\sqrt{m_e r}$及两个相距为r的点电荷+e和−e的势能为$+e^2/r$，我们可以将总能量写作：

$$E_n = K_n + U_n = \frac{1}{2} m_e \frac{e^2}{m_e r_n} + \frac{e^2}{r_n} =$$

$$= \frac{1}{2} \frac{e^2}{r_n} - \frac{e^2}{r_n} = -\frac{1}{2} \frac{e^2}{r_n}$$

带入到从前面公式得到的R_n的表达式，我们得到：

$$E_n = -\frac{4\pi^2 e^4 m_e}{h^2} \cdot \frac{1}{n^2}$$

如果将从巴尔末公式得到的：

$$R = \frac{4\pi^2 e^4 m_e}{h^3}$$

代入，便得到了与经验公式一致的式子：

$$E_n = -\frac{Rh}{n^2}$$

当玻尔把e，m_e和h的数值代入这个公式，他便得到了R = $3.289 \times 10^{15} \text{sec}^{-1}$，恰好是从光谱观测中得到的经验数值。于是，力学系统的量子化问题被成功地解决了。

索莫菲尔德的椭圆形轨道

玻尔关于氢原子最初的论文发表后很快就有了进展，一位德国物理学家，阿诺德·索默菲尔德将玻尔的想法扩展到椭圆形轨道的情况。在中心力场中粒子的运动大致由两个（极）坐标来表示，一个是从引力中心到粒子的距离r以及它相对于椭圆主轴的方位角（极方位）ϕ。如图中所示（图13）。当$\phi=0$时r具有最大值，当$\phi=\pi$时r减小到最小值，之后又增加在$\phi=2\pi$时到最大值。因此，与玻尔r保持常数而ϕ的值可变的圆形轨道不同的是，沿着索莫菲尔德椭圆形道的运动是由两个独立的坐标r和ϕ决定的。接下来使得每一条量子化的椭圆形轨道一定由两个量子数决定：角量子数n_ϕ和径量子数n_r。应用玻尔的量子条件，即运动角分量和径分量的总的力学"泛函"一定是h的整数n_ϕ倍和n_r倍，索莫菲尔德获得了量子化椭圆运动能量的公式：

$$E_{n_\phi, n_r} = -\frac{Rh}{(n_\phi + n_r)^2}$$

这和玻尔的初始公式完全一致，除了分母不再是一个整数的平方，而是两个任意整数和的平方，当然，两个任意整数的和本身也是一个任意的整数。令$n_r=0$的这种特殊情况，我们可以得玻尔的圆轨道。如果$n_r \neq 0$，我们就得到了不同椭圆伸长率的椭圆形轨道。但是对应于同一个$n_\phi + n_r$的所有轨道的能量完全相同，尽管它们的形状不一样。$n_\phi + n_r$通常被简单写作n，被称为"主量子数"。

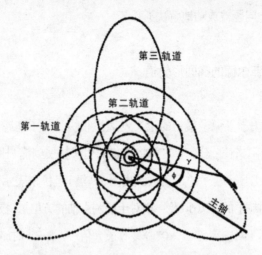

图13. 氢原子的圆形和椭圆形量子轨道。第一条圆形轨道（实线）对应电子的最低能
量。接下来的4条轨道，1条圆形轨道和3条椭圆形轨道（虚线）能量相等，并且大于
第一条轨道。再之后的9条轨道（点线），图中只画出了4条，对应于再高的能量（9条
轨道的能量相等）。

在此需要说明的是，对于氢原子的相对论算法给出了一个稍微不
同的结果，因为根据爱因斯坦的力学系统，粒子的质量随着它的速度
增加，当速度接近光速c时，它的质量会趋于无穷大。事实上，如果m_0是
一个粒子的"静止质量"（实际上，粒子运动时质量的变化速度远小于
光速)，那么，物体以高出速度v的速度运动时，质量由下式给出：

$$m = \frac{m_o}{\sqrt{1-\dfrac{v^2}{c^2}}}$$

当v接近c时，质量就会趋于无穷大。由于在椭圆运动中，轨道上
不同位置的速度也会发生变化（开普勒第二定律），而电子的质量也在
变化，所以，计算就变得愈加复杂。在这种情况下，对应于同一主量子

数的不同轨道上的能量就会略有不同,一个单条能级就会分出几条相近的轨道。相应的,由两个主量子数m和n确定的两个量子能级间跃迁得到的一条单一谱线也会分裂成好几条分量。只能通过具有很高色散率的频谱分析仪中观察到的这种分裂被称为谱线的"精细结构"。"精细结构"成分之间频率的差别由所谓的"精细结构常数"α决定:

$$\alpha = \frac{e^2}{hc} = \frac{1}{137}$$

这个量没有物理量纲,只是一个单纯的数字,并且由于精细结构成分的接近,所以它的数值就很小。如果c是无穷大,那么α就会等于0,于是不会观察到任何精细结构。

玻尔原始理论的另一个引申来自于,索莫菲尔德的椭圆形轨道可能不一定是在同一平面中,而是在空间上有不同的方向,这样的话,有许多电子沿着许多不同轨道运动的原子就不再像平盘了(就像我们的太阳系一样),而更像是一个3维的空间体。

玻尔的实验室

当玻尔得意洋洋地回到丹麦后,丹麦皇家科学院为他建立了自己的原子研究机构,给他提供了财政支持,并为来自世界各地希望前往哥本哈根和他一起工作的那些年轻物理学家们提供奖学金。就这样,在这条街的布莱格达姆斯维奇15号[1]建起了一座大学理论物理研究所的大楼,它边上就是负责人玻尔和他一家人居住的房子。这里提一下也不是不合适,就是丹麦皇家学院的主要经济支持是来自嘉士伯啤酒厂,那里生产出了世界上最好的啤酒。许多年前,嘉士伯的创始人将卖啤酒的

1.这个研究所的官方地址变更到了布莱格达姆斯维奇17号。——作者注

收入立遗嘱给了科学院用于科学的发展，并且在他的遗嘱中详细说明了，将老嘉士伯在啤酒产业的正中心为自己建造的宏伟建筑用来给在世的最著名的丹麦科学家居住。当玻尔成名，并且嘉士伯豪宅前一任居住者在他30出头的年纪去世之时，玻尔和他的家人就搬了进去。图14所示是一个领带的草图，这是为一位著名的丹麦生物化学家林德斯特罗姆·朗的周年纪念所制作的，他曾担任嘉士伯啤酒厂研究实验室主任很多年，领带上还画了一瓶嘉士伯啤酒。这是每一位在玻尔研究所嘉士伯基金所支持的项目上工作人员的象征。

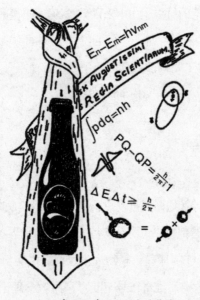

图14 嘉士伯啤酒以及它的结果。

玻尔研究所很快就成为了量子物理学的世界中心，引用古罗马人的说法，就是"条条大路通布莱格达姆斯维奇17号"。这个研究所充斥着年轻的理论物理学家们，总体来讲，还有对于原子、原子核和量子理论的新思想。这个研究所之所以如此盛行，一方面是因为研究所负责人的智慧，另一方面是他善良的心，甚至可以说像父亲一样来对待这些年轻人。这个时代的另一位天才，阿尔伯特·爱因斯坦，虽然也是一位善良的人，但他从未在他身边建立起所谓的"学校"，工作时通常只与一位助手交谈，相比之下玻尔培养出了许多科学上的"孩子"。几乎世界上的每一个国家都会有物理学家自豪地说："我曾与玻尔一起工作。"一次当玻尔访问哥廷根大学时，他遇到一位年轻的德国物理学家，沃纳·海森堡（见第五章），海森堡25岁时就在量子力学领域取得了重大的进展。玻尔提议让海森堡到哥本哈根与他一起工作。第二天，在学校为玻尔举办的晚宴上，两个穿着制服的德国警察闯了进来，其中一个人将手按在了玻尔的肩膀上宣布："你以绑架小孩的名义被逮捕了！"当然，这两个"警察"实际上是两名研究生乔装打扮的，玻尔并没有进过监狱，但是海森堡确实去了哥本哈根！有许多来自欧洲和美国的理论物理学家到哥本哈根待了一年、两年或是更久，在之后的岁月里又一次次的回来。其中就有：来自英国的P·A·M·狄拉克和N·F·莫特（现在是卡文迪许实验室的主任）；来自荷兰的H·A·克雷默和H·卡希米尔；来自德国的沃尔夫冈·泡利、维尔纳·海森堡、M·德尔布吕克和卡尔·冯·魏茨泽克；来自比利时的L·罗森菲尔德；来自挪威的S·罗斯兰；来自瑞典的O·克莱因；来自德国的G·伽莫夫和L·兰多；来自美国的R·C·托尔曼、J·C·斯雷特和J·罗伯特·奥本海默；来自日本的Y·仁科等等。他们有的在这生活了很长时间，有的是因为短暂的访问或者只是为了参加每年春天举办的会议而来到这里。

　　其中最具传奇色彩的造访者就是保罗·埃伦费斯特，他是莱登大

49

学的教授。埃伦费斯特于1880年出生于维也纳并跟随玻尔兹曼学习，于1904年获得了博士学位。那一年，他娶了一位俄国数学家，塔迪亚娜，两人搬到了圣彼得堡（现在被称为"列宁格勒"），之后一直在那里生活，直到1912年。那一年埃伦费斯特被邀请在莱登大学作物理系主任，并留在那里直到1933年去世。他所研究的统计力学和绝热不变量理论过于抽象与复杂，以至于不便在本书中描述。但他也是所有科学会议上不可或缺的成员，因为他具有物理学上广泛而深厚的学识以及批判性的精神，使他能够在新提出的理论中找到漏洞（有时会是错误的）。他喜欢将自己称为一位"人民教师"，他的许多学生在他们接下来的科学生涯中都大有建树。

有一次，我（当涉及他自己的回忆录时，作者会暂停使用学术上约定俗成的谦逊口吻，改用第一人称。）从丹麦到英格兰的路上途径了荷兰，埃伦费斯特邀请我去他家住几天。他和我在车站见了面，将我带到他家，并把我带到住的地方，然后他说："这里不允许吸烟！如果你想抽烟到街上抽。"当时我每天要抽的烟和现在差不多，所以我钻了个空子，我将香烟烟雾吹进了我房间里一个大型荷兰炉子的装载门里。除了新鲜空气之外，他厌恶任何气味。有一天，他的学生卡西米尔（现在是飞利浦无线电公司的科技总监）和他在下午有一个预约。会见之前，卡西（卡西米尔的小名，在荷兰语中是"奶酪"的意思）到理发店剪发，而且等他注意到的时候已经太晚了，理发师正在他金色的头发上抹洗发露。他不得不在与埃伦费斯特会面之前，花两个小时在街上遛弯，来让洗发水的味道消散掉。当然，也没有人敢跟埃伦费斯特争辩荷兰波尔斯[1]比英国杜松子酒哪个更好喝(或是更难喝)！

　　科学家之间为了庆祝而举办的一场业余演出中,《布莱格达姆斯维奇的浮士德》(在本书的附录中提供了这部剧的英文翻译版剧本)中, 埃伦费斯特扮演了浮士德的角色, 靡菲斯特[2](泡利饰)通过向他展示格雷琴(中微子)的影像而引诱了他。

　　从我产生记忆伊始的1928年一直到尼尔斯·玻尔去世那年为止, 玻尔的人格魅力以及他在研究所中工作与生活的愉悦, 一直温暖着我们。在此我希望讲讲独家记忆中的一两件轶事, 给这位最杰出的人物增加些鲜活的味道。

　　1928年春天, 通过了列宁格勒大学的综合考试之后, 我成功地获得了苏联政府的许可, 参加哥廷根大学为期两个月的夏令营。当时本身处于敌对位置的"无产者"科学和"资本家"科学的概念在苏维埃俄国还未形成, 出国的问题只涉及到获得许可将许多俄罗斯卢布兑换成等值的德国马克。出示了几个大学教授的推荐信, 我设法获得了相当微薄的德国马克, 然后就发现自己乘坐着一艘从列宁格勒到德国港口的船。到达哥廷根之后, 我租了一个普通的学生公寓, 然后准备开始工作。

　　波动力学(见第四章)发现后的仅仅两年后, 每个人都忙于将玻尔原始的原子分子结构理论扩展到波动力学更先进的新领域当中。但是我不喜欢, 也不曾喜欢在人潮拥挤的领域工作, 所以我决定看看对原子核的结构能研究出什么。当时, 原子核是通过实验研究的, 还没有一个理论尝试着揭示它的结构和性质。在哥廷根的两个月, 我挖到了金矿, 能够在波动力学基础上解释放射性原子核自发的衰减以及解释从外界

1.荷兰杜松子酒的一种, 名品有波尔斯(Bols)、宝马(Bokkma)、汉斯(Henkes)等。——译者注

2.浮士德中的魔鬼。——译者注

投射粒子对原子核进行轰击下原子核的衰变。后来我发现，一位英国物理学家R·W·格尼和一位美国物理学家E·U·康登合作，与我同时进行着十分相似的工作。事实上，我们在这一课题上的论文几乎是同一天发表于公众面前的。

哥廷根大学的夏令营快结束的时候，我的钱也快用完了，我不得不离开那里而回到我的家乡。但是，路上我决定在哥本哈根停留一下，去见见N·玻尔博士，我太崇拜他的研究成果了。在哥本哈根，我选择了一栋简陋小旅馆中最便宜的一间屋子，然后就到玻尔研究所去见他的秘书，弗洛肯·舒尔茨女士，预约一次会面（当我在几年之前拜访哥本哈根时，正好是玻尔去世的前一年，她仍在这个岗位上工作）。她说："可以在今天下午面见您。"当我走进他的书房，我看见一位友善并带着微笑的中年男子，问我对物理学哪个领域感兴趣，还有我现在在研究什么。于是我将自己在哥廷根所做的原子核转变问题上的工作告诉了他，手稿已经被送去出版社只是还没有出版。玻尔仔细地听完，然后说："很有趣，真是非常非常有趣。你还要在这里呆多久？"我解释道："剩下的钱只够我再多待一天的了。"玻儿问道："那如果我提供给你我们科学院[1]的嘉士伯基金，你可以在这里多待一年吗？"我激动地快喘不上气来，最终可以低喃道："哦！可以，我会留下的！"之后的事情发展得很快。弗洛肯·舒尔茨帮我在弗洛肯·哈韦的房子里安排了一间很好的房间，距离研究所只隔了几个街区，后来这里成了到此和玻尔一起工作的年轻物理学家们的"大本营"。在研究所的工作很简单，也很容易：每个人可以做他想做的任何事，他什么时候想工作就去工作，什么时候想回家也可以回家。另一位在弗洛肯·哈韦的房子里居住的年轻

1.我现在很荣幸的成为了这一科学院的成员。——作者注

人来自德国的麦克斯·德尔布吕克。我们都喜欢睡得很晚，弗洛肯·哈韦就想了个特殊的办法叫我们起床。他会到我的房间来叫我，"伽莫夫博士，你最好起床了。德尔布吕克博士已经吃完他的早饭出门去工作了。"之后，他又对还在睡梦中的德尔布吕克用了同样的招数："德尔布吕克博士！起床了！伽莫夫博士已经离开家门去工作了！"然后麦克斯和我就会在卫生间相遇。不过，我们两个仍会在工作上取得一些进展，尤其是在晚上，这是一天中最激发理论物理学家灵感的时候。在玻尔研究所图书馆的晚间工作常常会被玻尔打扰，他会说自己很累了想去看个电影。他只喜欢狂野西部片（好莱坞风格），而且他总是需要一些学生陪着他看，跟他解释其中友好还是敌对的印第安人、勇敢的牛仔和老西部电影里的亡命之徒、警长、酒吧女、淘金者和其他人物组成的复杂情节。他的理论思想甚至在这些电影探险中也有所体现。他发明了一个理论解释为什么坏人总是先下手为强，但是英雄还能以更快的射击速度并试图把坏人打死。玻尔的这个理论建立在心理学的基础上。英雄从来不会先开枪，而坏人需要决定什么时候拔枪，这妨碍了他的行动。从英雄的角度来说，他的动作是根据本能的反应，只要一看到坏人的手在动就自动地抓住了自己的枪支。我们不赞同他的理论，于是第二天我就去了一个玩具店买了两把西部电影里他们举的那种枪。我们和玻尔开枪决斗，他扮演英雄的角色，然后，他把他所有的学生都"杀死"了。

玻尔在西部电影的激发下产生的另一个理论是关于概率论。他说："我可以相信，在落基山某条狭窄的小路上独自行走的女孩，一脚踩空从悬崖上滚下去之后，一定可以抓住一颗峭壁上的小松树，将她从不可避免的死亡当中救下。我也同样可以想象得到，与此同时，有一位英俊的牛仔可能就走在同一条小路上，看到了这场意外，将他的套索绑在马鞍上从悬崖边爬下去救了这个女孩。摄影师会同时在场，用胶片记录下这个激动人心的事件，这在我看来是极不可能的！"

尼尔斯·玻尔年轻的时候是一个不错的运动员，在足球场上只落后他的哥哥屈居第二（过去的足球只是用脚踢一个球），他的哥哥就是著名的数学家哈那德·玻尔，曾是哥本哈根指挥队的金牌守门员。

1930年圣诞节假期期间，我和玻尔（当时他45岁）一同加入了挪威科学家小组（小组成员有罗瑟兰、索尔伯格以及"老男人"皮耶克尼斯）到挪威北极圈以外的北部滑雪，玻尔秒杀了我们所有人。

关于玻尔的话题，我总是喜欢讲述或写一篇有关他的故事，那就是在哥本哈根的一个晚上，玻尔、弗鲁·玻尔（玻尔的太太）以及上文提到的卡西米尔，另外还有我，从奥斯卡·克莱恩的告别晚宴上散场出来，这个场合是为他选举为祖国瑞典的大学教授所举办的。当时由于太晚了，这座城市的街道都已经空荡荡的了（不过现在的哥本哈根大街不能这么说）。在回家的路上，我们路过一所银行大楼，外墙上是由大块的水泥砖堆砌而成。在大楼拐角水泥块的缝隙间，它的深度足够为一个优秀的登山运动员提供攀岩的立足点。卡西米尔是一位攀爬高手，他很快就爬到了将近3楼的高度。当卡西爬下来以后，毫无攀爬经验的玻尔要上去和他比试比试。当他摇摇欲坠地挂在二层楼的高度，而弗鲁·玻尔、卡西米尔和我都紧张地抬头关注着他的进展之时，从我们身后走来了两位哥本哈根警察，手握在了枪套上。其中一个警察抬头看了看，跟他的同伴说："哦，原来只是玻尔教授啊！"然后他们就悄悄地走开了，去抓捕更危险的银行抢劫犯了。

还有一个搞笑的故事，这个故事反映出了玻尔的怪诞想法。在泰斯维尔德乡间小屋的大门上，他钉了一个马掌，这是人尽皆知的带来好运的方法。一位来拜访他的人看到这个，就问他说："你作为一个伟大的科学家，你难道真的相信家里大门上面的马蹄铁能带来好运吗？""我不信，"玻尔回答，"我当然不相信这个迷信说法。但是你知道，"他笑了笑补充到，"人们说即便你不信它，它也会带来好运的！"

波动力学和海森堡不确定原理的方程发现后，玻尔将他的精力投入到物理学微观现象二元论观点的半哲学发展上，根据这个原理，每一个物理实体，无论是一个光量子、一个电子或者是其他的原子粒子，都会呈现出一个奖牌的两面性。一方面它可以被当作粒子，另一方面可以被看成是波。我们将会在第五章对这个话题做更加详细讨论。与此同时，玻尔与他的助手，L·罗森菲尔德的工作中，他将原始的单个粒子的不确定关系扩展到电磁场的情形，为量子理论中一个非常复杂的分支——量子电动力学奠定了基础。

在之后的几年中，中子被发现之后，玻尔对当时发展不完全的核反应理论产生了浓厚的兴趣。他指出，当一个轰击的粒子进入到原子核内部，它并不是像一个台球撞击另一个台球一样将某个原子核粒子踢出去，而是在那里停留了一小会（大约可能是百亿分之一秒），将它撞击的能量分散到所有的粒子间。之后这部分能量可能以γ-射线量子的形式释放，或者被一些核粒子所吸收，然后再把它们释放出去。因此，举例来说，卢瑟福所研究的第一个核反应不应当像原来一样写成：

$$_7 N^{14} +_2 He^4 \rightarrow_8 O^{17} +_1 H^1$$

而是应当写成一个三步过程：

$$_7 N^{14} +_2 He^4 \rightarrow_9 F^{18[*]} \rightarrow_8 O^{17} +_1 H^1$$

其中，不同化学元素的原子核符号中，左边的脚标是元素的原子序数，右边的上脚标是参与的同位素的原子重量。存在时间很短的中间产物。$F^{18[*]}$（磷同位素的激发态原子核）被称为"复核"，这个概念的引入在很大程度上简化了对复杂核反应的分析。

1933年，当我不得不离开苏联的时候，我在华盛顿特区的乔治华盛顿大学做了一名物理学教授，在那里的第二年，一位老朋友，爱德华·泰勒博士，之前也是玻尔的学生，他参与了进来，也就是和我一起共事。在哥本哈根的领导下，理论物理的年会是由乔治华盛顿大学和华盛顿的卡内基学院联合主办，其中梅尔·图瓦博士在卡内基大学进行了核物理方面的重要的实验研究。1939年会议的与会人员尤其赫赫有名，坐在第一排的有尼尔斯·玻尔（当时他正好在美国参观）和恩里科·费米。会议的第一天在讨论现存的问题中悄然地过去了，但是第二天却产生了很大的轰动。玻尔在那一天早上来的有点晚，手里拿着从斯德哥尔摩（她从纳粹德国那里移民到这个地方）的丽斯·迈特纳博士发来的无线电报。宣布的消息是，她之前的合作者奥托·哈恩教授以及他在柏林的同事已经发现，铀样本被中子轰击的实验中出现了钡和另一个被证明是氪的同位素的元素。她和她的侄子，理论物理学家奥托·弗里西认为，这个实验表明：一个被重击的铀原子核分裂成了两个大致相等的部分。

读者可以想象那天的激烈盛况，会议之后的那几天都是这样的状况。当天晚上，物理学家在图夫的实验室里重复了这个实验，结果发现，由于一个中子的撞击产生的铀裂变释放了一些新的中子。分支链式反应以及大规模核能释放的可能性似乎被开启了。记者们彬彬有礼地从会议室里走出来，仔细地权衡了裂变链式反应的利弊。玻尔和费米手里拿着长长的粉笔站在黑板前，就像中世纪锦标赛中的两位骑士。

于是，核能就这样进入了人类的世界，进而才有了铀裂变原子弹、核反应堆以及后来的热核武器！

第二次世界大战开始时，玻尔在哥本哈根。他决定在纳粹占领期间"坐视不管"，这样他就可以为他的同胞提供尽可能的帮助。但是，有一天他从丹麦地下组织听说，第二天早上他就要被盖世太保抓起来了。就在那天晚上，一位丹麦渔夫划船帮他横渡了松德河并将他送到了瑞典海岸，在那里，他被一架英国蚊子轰炸机接走了。这种蚊子轰炸机很小，留给玻尔唯一的空位是在机尾处，这里通常是机尾炮手坐的地方。他只能通过对讲机与驾驶舱通话。在北海上空的某个位置，飞行员想问问玻尔感觉如何，却没有得到任何答复。飞行员处于高度机警的状态，飞机在英国跑道上一落地，他就跑到机尾处打开了尾部炮手隔间的门。玻尔就在那，很安全而且安静地睡着了！

从英格兰来到美国之后，玻尔直接前往洛斯阿拉莫斯对裂变式原子弹作进一步的研究工作。由于严格的安全保密规定，他所携带的文件都是以尼古拉斯·贝克的名义，被大家亲切的称为"尼克叔叔"。玻尔其中一次造访华盛顿时发生了一个故事，他在宾馆的电梯里遇到了常在哥本哈根见到的一位年轻女子。她曾是一位核物理学家，冯·哈尔班博士的妻子，并且经常同他的丈夫一起到哥本哈根去。"很高兴又见到你，玻尔教授，"她向玻尔打招呼。"对不起，"玻尔说，"你一定是弄错了。我的名字叫尼古拉斯·贝克。不过，"他又补充说，试图在不打破安全规定的条件下保持礼貌，"我确实记得你。你是冯·哈尔班夫人。""不，"她很快地说，"我是普拉切克夫人。"意思是说，她之前什么时候已经和她第一任丈夫离婚之后又嫁给了乔治·普拉切克，在早年间，这位普拉切克夫人与玻尔一起工作了很长一段时间。

1960年夏天，我和妻子到欧洲旅行的时候，我们到哥本哈根拜访了玻尔和他的家人。他当时正在提斯威尔德的乡间小屋里过暑假，并且他邀请我们到那里住几天。我发现他和我在1928年第一次见到他的时候一样，当然，只是动作迟缓了些，精力也没有那么充沛了。我们对当前物理发展遇到的困难展开了许多有趣的讨论。因此，大约两年后，当我从收音机中得知玻尔逝世的消息时，我感到非常震惊。

第三章　W·泡利和不相容原理

布莱格达姆斯维奇最有意思的一位造访者无疑就是沃尔夫冈·泡利。1900年，他出生于德国，人生中的大部分时间是在苏黎世当教授，但是无论理论物理朝哪个方向发展，他都会像灵感魔鬼一样出其不意地降临。只要他一到场，他那多少带有讽刺意味的冷笑声就会在空气中回响，让开始时无论多么死气沉沉的会议一下就变得活跃起来。他总是能带来许多新奇的想法，沿着讲桌来回踱着步并讲给观众听，那肥胖的身躯还会随着踱步略微地摆动。他的特殊习惯激发了人们的灵感并因此被人写成了一首诗，我只能回想起下面这一段：

　　　　当泡利和同事争辩时，

　　　　　整个身体都在摇摆；

　　　　当泡利反对一个观点时，

　　　　　摇摆也从未停止。

　　　　当他揭示光芒四射的理论时，

　　　　　需要啃着指甲！

　　一次，可能是在一位医生的要求下，泡利决定减肥，而且就像他尝试做其他事情时的风格一样，很快就减肥成功了。不过，当他减掉几磅之后，再一次出现在哥本哈根的时候，简直变成了另外一个人：神情忧郁，毫无幽默感，取代笑声的是低沉的咕哝声。我们都怂恿他和我们一起吃美味的维也纳炸小牛排还有好喝的嘉士伯啤酒，不出两周时间，他就又变回原来快乐的泡利了。

　　政治上，泡利是一位反纳粹主义，永远不会举起他的右手作出

"希特勒万岁"敬礼时的姿势——不过有一次例外。在安阿伯市密歇根大学做演讲的时候,他参加了湖上举行的一次泛舟狂欢,他在黑暗中一脚踩空,竟从船上掉了下来,摔断了右臂的肩膀。胳膊被打上了石膏,还有个夹板把右胳膊固定在了向上45°的位置。第二天他在讲座中出现的时候,左手拿着粉笔写字,直接向学生们展示了纳粹规范姿势,但是在石膏被拆掉之前他一直拒绝拍照。

泡利很小的时候就开始了他的科学生涯,21岁时就写下了一本相对论的书,这本书(修订版)到现在仍是这一课题最好的书籍之一。他在物理学上著名的成就有3项:

(1)泡利原理,他更喜欢将其称为"不相容原理"。

(2)泡利中微子,他于20世纪初期想到的,而在之后的30年,都没从实验中发现中微子。

(3)泡利效应,这是一个神秘的现象,现在还没有基于纯数学的解释,以后可能也不会有。

众所周知,理论物理学家不能操作实验器材,只要他们一碰,器材就坏。泡利就是这样一位出色的理论物理学家,以至于他只要一跨进实验室的门槛,有些东西就坏了。有一件发生在哥廷根J·弗兰克教授的实验室里的灵异事件,人们一开始没把它和泡利的出现联系在一起。一天中午过后,没有明显的原因,一台研究原子现象用的复杂仪器失灵了。弗兰克将这件事当作轶事写信给了泡利在苏黎世的地址,几天之后,收到了一封贴有丹麦邮票的信封。泡利写道,他正在去拜见玻尔的路上,弗兰克实验室发生该不幸事件的同时,他的火车在哥廷根车站停靠了几分钟。这件事信不信由你, 不过还有好多其他的实验现象能证实泡利效应的真实性!

电子能级配额

泡利原理和泡利效应正相反, 它是关于原子中电子的运动并被建立成为完善的理论。在前面的章节中, 我们已经描述过量子轨道, 或者用这个现代化的语言来讲, 是在环绕着原子核的库伦力场中量子的振动状态(见下一章)。由于氢原子只含有1个电子, 所以这个电子可以自由地处于任意可能的能量状态, 在没有外界激发的情况下, 自然处于离原子核最近的最低能量状态。在外力的作用下, 如果被提高到了某个更高的能量状态, 它会降至原始的最低能量状态, 并伴随着释放出氢原子光谱中的各种谱线。那么, 对于含有2个、3个或是更多个电子的原子会发生什么呢? 在第二章中, 我们得到了氢原子处于最低能量状态(n=1)时的两个公式。或是更准确的说, 这条轨道的半径, 是描述这一状态的连续方程的平均半径, 由下式给出:

$$r_1 = \frac{h^2}{4\pi^2 e^2 m}$$

最低的能量为:

$$E_1 = -\frac{4\pi^2 e^4 m}{h^2}$$

这两个公式的得出是基于静电力等于e^2/r^2的假设。

现在我们假设一个带点量为Ze的电子绕核运动，其中Z是它的原子序数。在这个情况下，静电力为Ze^2/r^2，而不是e^2/r^2，并且在上述方程中我们需要用Ze^2替代e^2以及用Z^2e^4替代e^4。随着原子序数Z的增加，基态半径会减少Z倍，而它们能量的绝对值会增加Z^2倍。如果不是只有一个电子，而是我们放入Z个电子，而且如果所有的电子都挤在最低的能级上，那么，形成元素自然周期系统的原子就会变得越来越小，并且聚集得越来越紧密。当然，得出这一结论之后，我们一定会想到电子间的静电斥力将产生使它们分离的趋势，但是很容易证明，这种斥力不足以阻止较重元素的原子缩小成非常小的尺寸。因此，原子的体积[1]应该还会持续地减小，并且是以一个相当快的速度减小，从氢原子到铀原子一路的变化由图15a中的虚线表示。这张图中连续的实线所示的是实验数据，很明显与虚线完全不同。它只有一个很缓慢的趋势，并且主要的特征是锯齿形的，在惰性气体的位置有几个尖锐的高点（氦、氖、氩、氪、氙等等），每一位化学家都知道，惰性气体十分排斥与其他元素或本族元素形成化合物。同时，如果一个原子的所有电子都聚集在了最低的能级上，沿着自然排列系统从轻元素到重元素原子中获得一个电子的困难将会急剧地增加（图15b中的虚线）。这同样与这张图中实线所示的表征克服这一困难的电离势的观测曲线完全不符。并且，比较这两条曲线，我们注意到获得一个原子中电子最大的困难出现在原子体积具有最小数值的同一位置。因此，这看起来就像化学元素的序列能通过一行行大小周期性变化的原子，并根据它们中放弃电子的难易程度排列出来。这一结论的结果是，随着越来越多电子的加入，由不同量子

1.通过不同元素已知原子重量和密度可以将它们计算出来，用给定元素原子的重量除以1cm³元素的重量得到。——作者注

状态占据的体积在减小，而电子所占据的能级数量在增多，这样原子总的外侧半径才能保持接近一个常数。因此，一定存在着某种基本物理原则，可以避免所有原子中电子全部拥挤到最低的量子状态上。只要一条给定能级的"配额"被填满，额外的电子就一定要适应到其他量子状态中，并具有更高的能量。泡利提出，如果我们让任意给定的用3个量子数：半径n_r，方位角n_ϕ，方向n_o[1]来描述的量子状态只能被两个电子占据，那么就可以将事情完美解决。泡利原则是根据初始的玻尔理论首次形成的，这3个量子数分别对应于电子所处量子轨道的平均直径、偏心距以及空间方向。在波动力学[2]中，它们代表复杂的3维振荡运动的Ψ方程中的节点数量。

1.为了简化，我们在此没有用传统的量子数定义。在科学的任意分支中，术语都会在它进化的过程中变得复杂，以至于对于第一次接触所有这些复杂概念的读者来说，很难用一个简单的方式将它们解释出来。——作者注
2.见下一章。——作者注

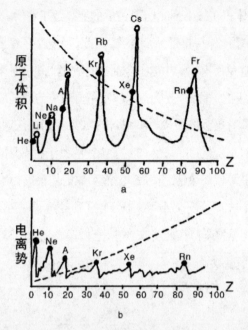

图15. 原子体积的变化以及沿着元素的自然周期系统电离势的变化。黑色圆点对应于惰性气体，它们的电子层都达到了饱和，并具有最高的聚集程度。而黑色圆圈代表的是碱金属，它们开始建立成新的电子层。

　　利用泡利定理，玻尔和他的同事（当然，包括泡利自己）便可以建立从氢原子到铀原子所有的原子模型了。他们不仅解释了原子体积和电离势的周期性变化，同时也解释了所有原子的其他性质：不同元素之间的化学亲和力、它们的化合价以及其他性质。这些都是许多年前一位俄罗斯化学家D·I·门捷列夫在纯经验的基础上总结出来并在他的元素周期表中系统化的。所有这些发展过程都超出了这本小读物的范围之外，本书的主要目的是介绍革命性的新观点，而不是介绍它们之间具体的因果关系。

电子自旋

　　基于玻尔理论对原子光谱的研究和解释是用3个量子数来（对于3维空间很自然是用3个自由度来描述！）描述原子中电子的运动，进展一直都很顺利，直到20世纪初期，3个量子数忽然变得不够了。塞曼效应（通过强磁场将光谱中的谱线分离）的研究表明，3个整数之外还有更多的成分在产生影响，而为了解释它们的存在，需要引入第4个量子数。最初它被称为"内部量子数"，这个名字和任何名字都没什么区别，因为它们都不会为额外的分离做出解释。接下来，在1925年，两位荷兰物理学家，塞缪尔·古德米斯特和乔治·于伦贝克提出了一个大胆的建议。他们认为，额外的谱线分离并不是由于任何另外描述原子内电子轨道的量子数，而是由于电子自身。自从电子被发现后，它就被视作一个只具有电子质量和电荷的点。为什么我们不能把它当作一个微小的带电体，像一个陀螺一样绕着它自身的转轴旋转呢？它将具有一定的角动量和磁矩，就像任何旋转的带电体所具有的一样。而电子自旋（就像这个名字一样）相对于它的轨道平面的不同方向将可以解释光谱分离中的附加分量。

　　人们很快发现这个提议是可行的，并且通过给一个电子提供恰当的自旋数（即机械角动量）和磁矩，我们便可以解释实验者所发现的所有额外谱线成分。自旋电子的磁矩自然地出现了，它等同于所谓的"玻尔磁子"——也就是说，可以由电子绕原子核公转产生的磁性的最小值表示。但是接下来，到了自旋电子机械角动量的时候就出现了问题，因为自旋角动量结果只是原子轨道常规角动量h/2n的一半。

为了解决这个困难，人们做出了很多尝试，这一问题最终被P·A·M·狄拉克用一个非常规的方法解决了，仅仅在4年之后（见第六章）。引入自旋电子更改原子中电子运动的泡利原理的原因可以通过以下的方式理解。你会记得，这一原则表示任意给定的量子轨道只能被两个电子占据。为什么是两个呢？发现了自旋电子之后，原始的泡利原则被修改为："只有两个具有相反自旋的电子"，即这两个电子以相反的方向旋转。

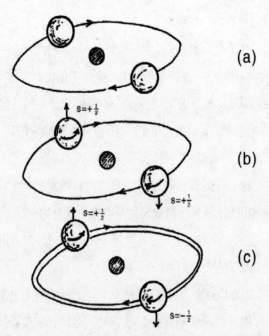

图16. 两个电子沿着同一条轨道运动，分别根据（a）原始的泡利原理（同一条轨道可以被不多于两个电子所占据）；根据（b）修正的泡利原理（占据同一条轨道的两个电子一定具有相反的自旋，即沿着相反方向绕着它们的转轴转动）以及根据（c）重新阐述的泡利原理，由于电子磁矩产生的磁力，两条轨道并不重合，并且每个能级

上只允许有一个电子。

这个情况在图16中以图示说明。图(a)表示的是原先的情况，两个点电子e_1和e_2，沿着同一条轨道运动。在图(b)中，我们给出了一个更近期的解释，两个能沿着同一条轨道运动的电子，只可能是其中一个(e_1)绕着它自己的转轴自转与它绕着原子核公转的方向相同，而另一个(e_2)自转是绕着相反的方向。需要补充的是，图(b)并不是完全正确，因为电子的磁矩和电子运行所在的原子内磁场之间的相互作用使轨道稍微有所改变，所以实际上我们有两条轨道，每条轨道上只有1个电子。(c)因此，如果我们考虑到原始轨道的细微分离，那么，最初的泡利原理应当被重新描述为：1条轨道上只允许有1个电子。

泡利与核物理

现在我们转向泡利所活跃的一个完全不同的科学领域：他对核物理领域的贡献。众所周知——或者至少应该听说过——放射性元素会释放出3种射线：阿尔法（α），贝塔（β）和伽马（γ）。放射性衰变的基本过程是释放出α-粒子，这种大块的不稳定原子核被卢瑟福证实是氦原子的原子核。另一方面，β-粒子是电子，有时伴随着α-衰变从原子核中释放出来，从而使释放出一个α-粒子后混乱的电荷和质量变得平衡。最后，γ-射线短的电磁波，是由于α-放射和β-放射引起的内部紊乱产生的。对于一个给定的放射性元素，α-粒子具有对应于母核和子核之间能量差完全相同的能量。γ-射线会显示出复杂清晰的谱线，事实上，它比光谱中的谱线要清晰得多。

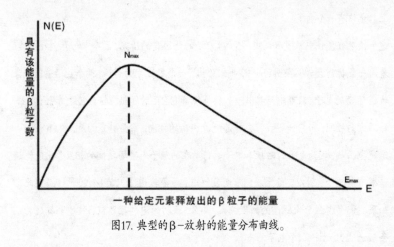

图17. 典型的β−放射的能量分布曲线。

　　所有这些行为表明：原子核的量子化系统和原子非常相似，只是原子核要小很多。由于原子核更小，所以根据量子理论，它们之间的转换参与了更高的能量。但是，在1914年，当詹姆斯·查德威克发现，与放射性原子核释放出的α−粒子和γ−射线相反的是，β−粒子并不具备明确定义的能量时，物理学家们则大吃一惊。几乎是完全相反，它们的能量谱从实际是0的位置连续变化一直延伸到很大的数值（图17）。这个能量分布是由于β−粒子从放射性物质逃逸的过程中承受了某种内部损失，这种可能性已经被精细的实验确切地排除了。因此，我们所面对的情况是原子核总的能量收入与支出并不平衡。第一个被这个实验发现启发的尼尔斯·玻尔产生了一个激进的想法，如果实验结果确实如此，那么，说明能量守恒定律不适用于β−放射过程或者（假设存在的话）β−吸收过程。确实，在这个时代经典物理学的很多定律在新发展起来的相对论和量子理论的碰撞下被推翻了，以至于没有一条经典物理学定律看上去是不可撼动的。玻尔甚至试图用这个所谓的β−衰变过程的能量不守恒来解释恒星中看似永恒的能量输出。根据这些鲜为人知且从未发表的观点，包含在恒星内部巨大核心中的核物质与普通的原子核具有相同的性质，只是它的体积会更大一些（直径为几千米，而不是原子的直径为10^{-12}cm）。这些理应不稳定恒星的核心会释放出特定能量的β-粒子。它们被处于一种完全的离子态（我们今天将它称之为"等离子态"），含有自由的高能电子和普通裸核的普通物质所环绕。形成这些恒星包络基底的电子，它们的能量由下面的经典关系式确定：

$$E = \frac{3}{2}kT$$

其中，k是"玻尔兹曼常数"，T是包络基底的温度[1]。另一方面，从原子核核心几乎平坦的表面释放出来的β-粒子通常与由核流体的内在特性决定的相同能量。因此，在原子核核心与周围离子态气体（等离子体）之间一定存在着动力学平衡，就像水和水面上饱和水蒸汽之间的平衡一样。放射性核心释放出的β-粒子的数量等于核心从包络中吸收的自由电子的数量。但是，从包络中吸收的自由电子的能量是由它的温度T决定的，而核心释放出的β-粒子能量总是相等的，对应确定的通用原子核温度T_0。因此，由于$T < T_0$，所以从原子核核心到包络存在一个恒定的能量流，这一能量流上升到恒星的表面，保持着恒定的高温。有了β-放射过程能量不守恒的好处，原子核的核心就不会有任何改变，恒星也能够永远地闪耀。玻尔用略带批判性的口吻说出了他的这个理论，不过如果这看起来是真的，他也不会感到非常诧异。

1.根据上世纪中期，玻尔兹曼和麦克斯韦提出的热力学理论，"热只是构成物质体的分子运动"。他们发现热运动的能量（每分子）正比于它的绝对温度——即，从-273°C的"绝对零度"开始计算的温度。这个经验决定的正比例系数（更准确的说是正比例系数的2/3）被称为"玻尔兹曼常数"。——作者注

中微子

　　泡利，从任何意义上讲，他都能被称作保守，但他强烈反对玻尔的观点。他更倾向于假设 β-射线谱的连续性对能量平衡造成的破坏，可以通过释放出某种其他类别的未知粒子来重建，他将这种粒子叫做"中子"。而在查德威克发现今天我们称之为"中子"的粒子之后，这个"泡利中子"改成了"中微子"。"中微子"应当是一种不携带电量也没有质量（或者，质量至少可以被忽略不计）的粒子。它们应当与 β-粒子被成对地释放，并且它们与 β-粒子能量的总和应当总是相同的，这样当然可以重新建立起原本美好的能量守恒定律。但是，它们的带电量为0，并且质量也为0，所以中微子实际上是不能被检测到的，它们会从最好的实验人员指缝中溜走。除了玻尔以外，还有一位中微子恐惧者P·埃伦费斯特，他们3个人在这一问题上进行了言辞激烈的讨论，而且他们3个人关于这一主题的长篇大论的来往信件却从未公开发表过。

　　随着时间的推移，有利于泡利的中微子的证据积累得越来越多，尽管这些都是间接证据。直到1955年，洛斯阿拉莫斯的两位物理学家，F·莱茵斯和C·考恩才毫无疑问通过捕获到中微子来证实了它们的存在，当时它们正从萨瓦纳河原子能委员会的原子核反应堆中逃逸出去。他们发现，中微子与物质之间的作用很小，以至于需要几光年厚的铁质盾牌才能将中微子束的强度减少一半。今天，中微子在基本粒子和天体物理现象的研究中占有越来越高的地位，它们可能变成物理学中最重要的基本粒子。人们发现中微子和电子一样也像微型的旋转陀螺，并且它们的角动量与电子的角动量完全相等。但是，由于中微子不携带电荷，所以它们的磁矩等于0。

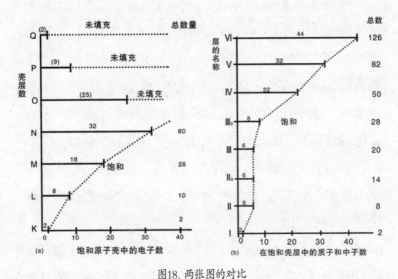

图18. 两张图的对比

(a) 玻尔–科斯特图原子序列中电子层的饱和；

(b) 迈耶–詹森图原子核序列中质子和电子层的饱和。

后面的实验发现，质子和中子也与电子具有相同的自旋，并且也都遵循着泡利原理。这个事实对原子核内部结构问题起了重要的作用，原子核就是由不同数量的质子和中子在核力的作用下紧密聚集在一起形成的。正如1934年G·伽莫夫首次提出的，从氢到铀同位素原子核的自然序列在它们各种性质上显示出周期性的变化，这与门捷列夫元素周期表中原子化学特性的周期性变化相似，只是并没有那么明显。这一周期性变化表明，原子核一定具有与原子电子层结构类似，但可能更复杂的层结构。这里的情形是复杂的，因为虽然原子包络只有一种叫做电子的粒子形成的，但是原子核是由两种粒子组成的，即中子和质子,泡利不相容原理将分别应用到这两种粒子上。因此,任意给定的由3个量子数表示的能量状态上可以有两个质子(相反自旋)和两个中子(也是相反自旋),实际上,我们有两个壳系统,一个是质子层,一个是中子层,它们相互叠加在一起。这里出现了另一个问题,由于原子核内质子和中子是紧密地聚集在一起的,所以对于能级的计算就变得复杂得多。最终在1949年,这一问题被M·戈佩特·迈耶和H·詹森等人解答,他们可以证明,原子核中的中子层分别具有2、8、14、20、28、50、82和126个中子,对于质子层也是一样的,正如图18的简图中所示。这些数字被称为"幻数",它们让物理学家们可以完全理解在原子核结构上所观察到的周期性。

泡利原理的另一个重要应用可以在P·A·M·狄拉克的成果中看到,他用它解释了物质的稳定性,正如在第六章中将要提到的。狄拉克基于泡利的理论,得出了一个结论,对于每一个"普通粒子",比如一个电子、质子、中子以及在上个10年中发现的一些其他粒子,一定存在着一个与它具有完全相同的物理性质,而带电量却是相反的"反粒子"。我们将会在第六章和第八章中来讨论这方面更多的细节。

这一章要结束的时候,我完全可以说,如果要找到泡利原理没有应用到的现代物理学分支,就像寻找一位像沃尔夫冈·泡利一样有天赋、和蔼而且又有趣的人一样不易。

第四章 L·德·布罗意和导波

路易斯·维克多，德·布罗意家族，出生于1982年的迪耶普，在一位哥哥死后，他成为了德·布罗意家族的王子，却有着更不寻常的科学生涯。当他是巴黎大学的一位学生时，他决定将自己的一生投入到中世纪历史的研究中，但是第一次世界大战的爆发诱导他加入了法国军队。作为一个受教育的人，他在无线电通信单元中获得了一个职位，这一技术在当时还是新奇的技术，而且将他的兴趣一下从哥特式大教堂转向了电磁波。1925年，他递交了一篇博士学位论文，论文中包含对玻尔原子结构原始理论修改的革命性观点，大多数物理学家都持怀疑态度。事实上，一些有智慧的人将德·布罗意的理论称为"法国闹剧"。

在战争之间，由于他一直和无线电波打交道，并且本身也是一位室内音乐的行家，所以德·布罗意选择将原子看作某种乐器，因为它具有这样的结构，所以可以释放出特定的基准音以及一系列泛音。当时玻尔的原子中，不同量子状态下特征的电子轨道建立得很完善，所以德·布罗意将它们作为自己波动机制的基本模式。他想象沿着一条给定轨道运动的每个电子都伴随着某种神秘的导波（现在被称为"德·布罗意波"），这种导波沿着整条轨道蔓延。第1条量子轨道只携带1个导波，第2条量子轨道有2个导波，第3条有3个导波，以此类推。因此，第1导波的波长一定等于第1条量子轨道的周长 $2\pi r_1$，第2导波的波长一定等于第2条轨道周长的一半，$1/2 \cdot 2\pi r_2$，等等。普遍来讲，第n条量子轨道携带n个导波，每个导波的波长为 $1/n \cdot 2\pi r_n$。

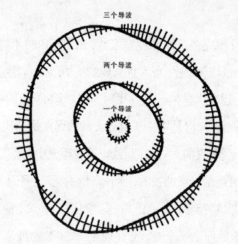

图19. 德·布罗意波适合于玻尔原子模型中的量子轨道。

正如我们在第二章中看到的, 玻尔原子中第n条轨道的半径是:

$$r_n = \frac{1}{4\pi^2}\frac{h^2}{me^2}n^2$$

由于圆周运动产生的离心力和带电粒子之间的静电引力相等, 我

们有:

$$\frac{mv_n^2}{r_n} = \frac{e^2}{r_n^2}$$

或者

$$e^2 = mv_n^2 r_n$$

将e²的这个值带入到原来的方程中, 我们得到:

$$r_n = \frac{1}{4\pi^2}\frac{h^2 n^2}{m} \cdot \frac{1}{mv_n^2 r_n}$$

或者

$$\left(2\pi r_n\right)^2 = \frac{h^2 n^2}{m^2 v^2}$$

对这个方程的两边同时取平方根, 我们最终得到:

$$2\pi r_n = n \cdot \frac{h}{mv_n}$$

因此, 如果伴随一个电子的导波波长λ等于普朗克常量h除以粒子的机械动量mv, 那么

$$\lambda = \frac{h}{mv}$$

并且德布罗意就可以满意地将具有这种性质的导波引入, 第1、2、3……个导波放在第1、2、3……条玻尔的量子轨道上恰好合适 (图19)。给出的结果在数学上等于玻尔初始的量子化条件, 也就是说在物理上并没产生新鲜的东西, 但是带来了一个新观点, 这个新观点就是: 电子沿着玻尔量子轨道的运动伴随着神秘的波, 这种波的波长由运动粒子的质量和速度决定。如果这些波代表着某种类型的物理实体, 那么它们应当也伴随着粒子在空间中自由运动, 这样它们的存在或是不存在才能通过直接的实验得到证实。事实上, 如果电子的运动总是被德·布罗意波引导的, 那么在适当条件下的一束电子应当表现出干涉现象, 类似于光的干涉。根据德·布罗意的公式, 在几千伏特电压下 (这是实验室通常使用的实验电压) 被加速的电子束伴随的导波波长大约为10^{-8}cm, 相当于普通X-射线的波长。这个波长太短以至于不能在普通的光学光栅中产生干涉现象, 所以需要用标准的X-射线光谱学的技术来研究它。在这个方法中, 入射光从一块晶体的表面被反射出去, 而在大约10^{-8}cm外的临近晶层具有比光学衍射光栅间隔更大的狭缝的功能 (图20)。这一实验由英国的乔治·汤姆森爵士 (J·J·汤姆森爵士的儿子) 以及美国的G·戴维森和L·H·杰默在同一时间但是却是相互独立完成的, 实验中用到的晶体装置与布拉格所用的装置相似, 但是用一束

在给定速度下移动的电子取代了X-射线。实验中, 被放置在反射路径上的接收屏(或照相底片)显示出了特征的衍射图样, 并且随着入射电子速度的增加或减小, 衍射条纹间距会变宽或变窄。在所有情况下, 测量的波长和德·布罗意公式给出的波长都完全相符。因此, 德·布罗意波成为了不可辩驳的物理现实, 尽管没有人能理解它们是什么。

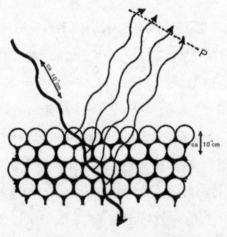

图20. 一个入射波, 可能是短的电磁波(X-射线)或是德布罗意波, 伴随着一束高速电子, 当它穿过连续的晶格层时产生了小波。根据入射角的大小, 出现了明条纹和暗条纹。(P是相平面。)

接下来一位德国物理学家, 奥托·斯特恩, 证实了原子束的情况下衍射现象的存在。由于原子要比电子大几千倍, 所以, 在相同速度下, 它们的德·布罗意波波长应当相应更短。为了让原子的德·布罗意波具有相当于晶层间距的波长(大约10^{-8}cm), 斯特恩决定利用原子的热运动, 因为只需改变气体的温度就能简单地控制速度。装置的源头是由一个陶瓷圆柱形桶和环绕着它并给它加热的线圈组成的。圆柱形桶封闭的一端有一个小孔，达到热速度的原子通过这个孔进入到一个很大的真空容器之后，它们在空间的飞行中会撞击到一块置于路径中的晶体，反射到不同角度的原子被用液态空气冷却的金属板捕获，不同金属板上原子的数量可以用一种复杂的化学微量分析方法计算得到。通过将散射到不同角度的原子数量对应着散射角描点画图，斯特恩再一次获得了完美的衍射图样，与德·布罗意公式计算出的波长完全吻合。而且改变圆柱体的温度，条纹间距也会随之变宽或者变窄。

20世纪末期，我和卢瑟福在剑桥大学工作。我决定在巴黎度过圣诞节假期（那时我从未去过巴黎），然后我就写信给德·布罗意，说我很愿意去见见他并和他讨论量子理论的一些问题。他回答说："圣诞节期间学校会关门，不过他很希望我去他家坐坐。"他住上流社会的巴黎郊区，塞纳河上的纳依中一所豪华的家庭住宅里。门被一位仪表堂堂的男管家打开了。

"我想见德·布罗意教授。"[1]

"您是想说德·布罗意公爵先生。"男管家纠正道。

"好吧！德·布罗意公爵。"我改口，然后被带进了房子。

德·布罗意身穿一件丝绸的居家服，在他装潢豪华的书房见了我，我们便开始讨论物理。他一句英语也不会说，我的法语也不怎么样。但是不知道怎么，我用有限的法语在纸上写公式，却成功地向他传达了我想说的意思并且我也能理解他的反馈。过去不到一年的时间，德·布罗意到伦敦的皇家学会做演讲，当然我也在听众当中。他用流利的英语做了一场精彩的演讲，只是带有一点法语口音。于是我理解了他的另一个原则：来到法国的外国人一定要讲法语。

1.对话为法语。——译者注

几年之后，当我计划去欧洲的一次旅行时，德·布罗意邀请我到他负责的亨利·庞加莱学院做一场专题讲座，我决定这次去要准备得好一点。当飞机在穿越大西洋的航线上，我要把演讲内容用我（仍旧）很差的法语写下来，然后找一个巴黎人帮我纠正语法，在演讲中当作笔记来使用。不过，正如所有人都知道的那样，海洋上的航程中有许多让人分心的事，立下的决心也成了泡影，我只好毫无准备地面对巴黎大学的听众。讲座的过程多少有一些磕磕绊绊，但是我的法语还行，可以让每个人都明白我在讲什么。演讲之后，我告诉德·布罗意："我很抱歉没能按计划有一个正确的法语笔记。"我的天哪！"他感叹道，"幸好你没这么做。"

　　德·布罗意把著名英国物理学家R·H·福勒有一次做演讲的事告诉了我。众所周知，由于英语是全世界最好的语言，所以英国人认为所有外国人都应该学英语，这样他们就不用再学别的国家的语言。由于在索尔邦大学的演讲必须得用法语，所以福勒将他的演讲用全英文写了下来，提前很多天寄给了德·布罗意，然后他亲自把它翻译成法语。于是福勒照着打印好的法语文本用法语做了演讲。德·布罗意说演讲过后有一堆学生过来找他，"教授，"他们说，"我们十分困惑。本来以为福勒教授会用英语演讲，我们的英语水平也都能听懂。但是他既没说英语，也没说其他别的什么语言，我们想不出他说的是哪国话。""有些时候！"德·布罗意又补充道，"我得告诉他们福勒教授是用法语在作演讲的！"

薛定谔的波动方程

原子中粒子的运动是由某种神秘的导波引导的, 德·布罗意在创造出这个革命性的想法之后迟迟没有给出这一现象严格的数学理论。在1926年, 大约是德·布罗意发布这个观点之后一年的时间, 出现了一位澳大利亚物理学家, 厄尔文·薛定谔写的文章, 他写下了德·布罗意波的一般方程, 并证明了它适用于电子运动的所有类型。德·布罗意的原子模型更像是一个不同寻常的弦乐器或者是一组不同直径、振动的同心金属环, 而薛定谔的模型近似于管乐器。在他的原子中, 振动发生在环绕原子核的整个空间中。

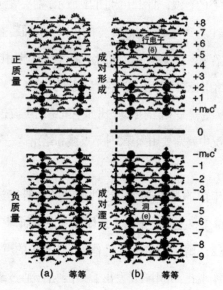

图21. 中心被固定住的一个弹性圆片不同的振动模式: (a)静止状态; (b)节点在圆心; (c)节点线是一个圆; (d)节点线是一条直径; (e)节点线是两条直径; (f)3个径向和两个圆形节点线。

想象一个像铙钹一样的平整金属圆盘在圆心处被固定住（图21a）。当一个人敲击了它，它会开始振动，边缘周期性的向上又向下（图21b）。而且还存在着更多复杂的振动类型（泛音）就像图21c中所示的样式，圆盘的中心和所有中心和边缘之间这个圆（图中用加粗的黑线画出）上的点是静止的，所以，当圆圈内的材料鼓起时，圆圈外的材料下降，反之亦然。振动的弹性表面上静止不动的点和线被称为"节点"和"节点线"。我们可以将图21c拓展到更高的泛音，也就是中央节点周围有两条或两条以上圆周节点线的情况。

除了这种"径向"振动，还存在着"方位振动"，"方位振动"中节点线是通过中心的直线，如图21d和图21e所示，箭头表示相对于水平平衡位置薄膜是上升还是下降。当然，对于给定的薄膜，径向振动和方位振动可以同时存在。运动叠加出来的复杂状态应当用两个整数n_r和n_ϕ来描述，分别给出径向节点线和方位节点线的数量。

再复杂一些就是3维的振动，比如空气中的声波进入刚性的金属球。在这种情况中就需要引入第3种节点线和给出这一节点线数量的第3个整数n_l。

在许多年前的声学理论中这种振动就被研究过，尤其是赫尔曼·冯·亥姆霍兹在上个世纪对于封闭在刚性金属球中振动的空气做了细致地研究（亥姆霍兹共振器）。他为了让外界的声音进入球体，在球体上钻了一个小孔，并用汽笛发出了一个纯音，通过改变验音盘旋转的速度持续改变音高。当汽笛的频率与球体中振动空气的某个可能频率一致时，就会观察到共振现象。这些实验结果与声音波动方程的解完全吻合，波动方程的求解太过复杂，不适合在本书中讨论。

薛定谔给出的德·布罗意波的方程与大名鼎鼎的声音和光波传（电磁）播的波动方程非常相似，只是在几年里它们一直是一个关于振动的谜。在下一章中我们会回到这个问题。

氢原子中1个电子绕着1个质子运行的情况与刚性封闭球体中的气体振动有些相似。但是亥姆霍兹共振器的情况，有一个刚性的墙壁防止气体超出这个范围，而原子中的电子收到中心原子核的静电吸引，当电子距离中心越来越远，它的运动会减慢，而当它超出动能所能提供的极限位置后就会停止运动。在图22中，这两种情形用图形的方式显示。左图中的"势能洞"（即某一位置附近势能低的地方）代表的是圆柱形墙壁，右边的图看起来就像地面上开的漏斗形状的洞。水平的线表示的是量子能级，其中最低的一条对应着粒子可能具有的最低能级。将图22b与第二章中的图12进行对比，我们发现基于薛定谔方程计算得出的氢原子能级与原来玻尔量子轨道理论获得的氢原子能级一致，但是从物理意义上来说，会相当不同。不同于点状电子沿着确定的圆形和椭圆形轨道运动，我们现在有了一个由某种东西的多种振动形成表示的完整原子，在早些年间，这种东西被波动力学称之为"Ψ-方程（希腊字母psi）"，当时没找到一个更好的名字。

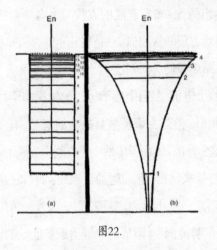

图22.

（a）矩形势能洞中的量子能级；

（b）漏斗形势能洞中的量子能级。

在此需要说明的是，图22a中的矩形洞势能的分布被发现用于描述原子核中质子和中子的运动十分有用，并且之后被玛丽·戈佩特·迈耶和汉斯·詹森各自成功地用于理解原子核内部的能级以及理解放射性核原料中原始的γ-射线光谱的产生。

不同Ψ-振动模式的频率与原子释放的光波的频率是不对应的，但是对应于不同的量子能级的能量值除以h。因此，一条谱线的释放需要激发两个振动模式，比如Ψ$_m$和Ψ$_n$，它们的复合频率为：

$$v_{m,n} = \frac{E_m}{h} - \frac{E_n}{h} = \frac{E_m - E_n}{h}$$

与原子中电子从能级E_m跃迁到较低能级E_n产生的光量子频率的玻尔表达式相同。

应用波动力学

除了给玻尔原始的量子轨道概念提供了一个更合理的理论基础以及消除一些矛盾之外，波动力学还可以对超出旧量子理论的一些现象作出解释。正如第二章中提到的，本书的作者由罗纳德·格尼和爱德华·康登组成的小组分别独立地将薛定谔的波动方程成功地应用到解释放射性元素的α-粒子释放以及α-粒子穿透到其他较轻元素的原子核中产生元素转变的问题上。为了理解这个相当复杂的现象，我们将把原子核与一个四周都被高墙围住的堡垒做类比。在核物理中，堡垒墙壁的比喻被称为"势垒"。由于原子核和α-粒子都带正电，所以接近原子核的α-粒子会受到很强的库伦斥力的作用[1]。在这个力的作用下，射向原子核的α-粒子可能会停止运动，在直接接触到原子核之前就被弹回去了。另一方面，各种原子核中作为其中组成成分的α-粒子被非常强的核力吸引并防止它们逃逸（类似于通常液体中的"内聚力"），但是这种核力只在粒子紧密堆叠，彼此间直接接触的时候才会作用在粒子上。这两种力的合力形成了一个势垒，可以防止内部的粒子出去以及外界的粒子进入，除非它们的动能大到足以越过势垒的顶端。

卢瑟福从实验中发现，各种放射性元素，比如铀和镭，它们释放出的α-粒子具有的动能比翻越势垒顶端所需的动能要小得多。而且我们同样知道，当从外界向原子核轰击动能小于达到势垒顶端所需动能的α-粒子时，它们通常也会穿透进原子核，产生人造核反应。根据经典力学的基本原则，这两个现象都绝对不可能存在，也就是说不会有

1.在对电现象的早期研究中，法国物理学家查尔斯·德·库伦发现作用在带电粒子间的力正比于它们电荷的乘积，并于它们之间的距离的平方成反比。这被称为库伦定律。——作者注

导致α-粒子释放的自发核衰变发生, 也不会在α-粒子的轰击影响下产生人造核反应过程。但是在实验中却看到了这两个现象!

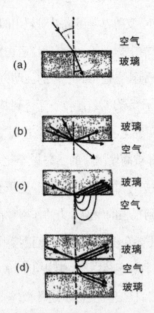

图23. 波动力学与波动光学之间的类比。

图(a)是我们所熟悉的从稀疏介质进入到稠密介质的光的折射;

图(b)中则是相反的情况, 光从稠密介质进入到稀疏介质时, 如果入射角超过了特定的临界值, 那么, 光可能完全被交界面反射回去;

(c)根据光的波动理论, 反射不是发生在分离两种介质的几何表面上, 而是在几个波长厚的特定薄层中;

(d)因此, 如果将第2层稠密介质置于距离第1层稠密介质几个波长的位置, 那么一部分入射光将不会完全被反射, 而是会沿着最初的方向穿透第2层稠密介质层。类似的, 根据波动力学, 一些粒子能够穿透进入经典力学禁止的区域, 也就是势能比粒子初始动能高的区域。

如果我们从波动力学的角度来看, 情况就会完全不同了, 因为粒子的运动受到了德·布罗意导波的控制。为了理解波动力学如何对这些经典物理不可能事件进行解释的, 我们需要理解波动力学对于经典牛顿力学而言, 就像是波动光学对于老旧的几何光学一样。根据斯内尔定律, 以一定入射角i落在玻璃表面的一束光 (图23a) 会以一个较小的角度r折射出去, 并且满足sin i/sin r=n这个条件, 其中n是玻璃的折射率。如果我们将情形颠倒一下 (图23b), 让一束通过玻璃传播的光入射到空气中, 那么折射角将会比入射角要大, 我们将得到sin i/sin r=1/n。因此, 以入射角大于特定临界值的条件落在玻璃和空气交界面上的一束光将根本不会进入到空气中, 而是被完全地反射回玻璃。根据光的波动理论, 情况就会不同了。进行了完全内部反射的光波并不是从两种介质间的数学边界反射回去的, 而是穿透进入了第二种介质 (这个例子中是空气) 达到了几个波长λ的深度, 然后又被扔回了最初的介质之中 (图23c)。因此, 如果我们在几个波长的位置 (对于可见光来说是几微米) 放置另一片玻璃, 那么到达空气中的一部分光将会到达这块玻璃的表面, 然后继续在最初的介质中传播 (图23d)。这一现象的理论可以在一个世纪以前的光学书籍中找到, 并且是许多大学光学课程的标准演示。

　　类似的, 引导着α-粒子和其他原子放射物运动的德·布罗意波能穿透经典牛顿力学中禁止粒子进入的空间区域, 并且α-粒子、质子等等能穿越高度大于入射粒子能量的势垒。但是对于穿透的可能性, 物理上重要的只有粒子的原子质量以及势垒不超过10^{-12}cm或10^{-13}cm的宽度。比如, 我们拿铀举例, 铀的原子核经过大约10^{10}年的间隔会释放出一个α-粒子。铀势垒内部围住的一个α-粒子以每秒10^{21}左右的次数撞击着势垒内壁，这意味着一次简单的撞击逃逸出去的几率是$10^{10} \times 3 \cdot 10^7 \times 10^{21} \cong 3 \cdot 10^{38}$次撞击分之一（而一年中有$3 \cdot 10^7$秒）。类似的，原子投射进入到原子核中每一次撞击的几率都非常小。不过，如果过程中有大量原子核撞击参与的话，它的几率可能会变得很大。弗里茨·豪特曼斯和罗伯特·阿特金森于1929年指出，由剧烈热运动引起的核反应（即热核反应）是太阳和行星能量产出的主要原因。现在物理学家正在努力研发"可控的热核反应"，它将为我们提供廉价、无穷无尽又环保的核能源。如果牛顿的经典力学没有被德·布罗意的波动力学所替代，所有这些都不可能实现。

第五章　W·海森堡和不确定原理

薛定谔在《物理学年鉴》上发表了一篇波动力学的论文，与此同时的是，哥廷根大学的维尔纳·海森堡在另一本德国杂志《物理学期刊》中发表了论文，他们居然是对同一课题进行的研究而且还取得了完全相同的结果。不过，令读了这两篇文章的物理学家感到震惊的是，他们起始于两个完全不同的物理假设，使用了完全不同的数学方法，而且彼此间看起来毫不相关。

正如我们在前一章中所描述的，薛定谔将原子中电子的运动视为由广义的3维德·布罗意波系统控制下的环绕原子核的运动。3维德·布罗意波系统的控制下运动的，振型和振动频率由电力场和磁力场决定。另一方面，海森堡提出了一个更抽象的模型。他将原子看作好像是由无穷多个线性"虚拟"振动组成的，振动频率与所讨论的这个原子释放出的所有可能频率一致。因此，在薛定谔的描述中，频率为$\nu_{m,n}$的谱线的释放被认为是两个振动方程Ψ_m和Ψ_n[1] "共同作用的结果"，而在海森堡的模型中，相同的谱线是被一个独立的我们称之为$V_{m,n}$的"振子"释放出来的。

经典力学中，一个线性的振子是由两个数来描述的：从平衡位置的位移q和速度v，这两个量都是随时间而进行周期性变化的。在高等力学中，通常习惯上用机械动量[2]p来代替速度v，动量的

1.为了简化起见，在此，我们用1个量子数而不是3个量子数来表示每一种振型。——作者注

2.机械动量，也就是艾萨克·牛顿称为运动的量的物理量定义，在他的《自然哲学的数学原理》这本书中给出，它是运动第二定律和第三定律结合的产物。如果两个初始处于静止的粒子相互作用，那么，作用力F_1和F_2在数值上是等大并反向的。另外，作用一段时间后，它获得的速度（v_1和v_2）与两个粒子的质量（m_1和m_2）成反比。因此，"运动的量"（今天我们叫作"机械动量"）在数值上相等并且方向相反。这就是著名的动量守恒定律。——作者注

定义是粒子质量和其速度的乘积（p＝mv）。在振子上作用一个给定规则的力，它就会具有确定的频率ν。但是光谱具有双重的频率，可以用下面的表格来表示：

$$V_{m,n} \quad
\begin{matrix}
V_{11} & V_{12} & V_{13} & V_{14} & V_{15} & V_{16} & \cdots \\
V_{21} & V_{22} & V_{23} & V_{24} & V_{25} & V_{26} & \cdots \\
V_{31} & V_{32} & V_{33} & V_{34} & V_{25} & V_{26} & \cdots \\
V_{41} & V_{42} & V_{43} & V_{44} & V_{45} & V_{46} & \cdots \\
\cdots & \cdots & \cdots & \cdots & \cdots & \cdots &
\end{matrix}$$

很早之前，数学上就将这种类型的数列叫做"矩阵"，"矩阵"被成功地应用在了各种代数问题的求解上。如果脚标m和n是1到一个给定的数字，那么矩阵就是有限的；如果m和n都到了无穷大，那么矩阵就是无穷的。事实上，数学上发展出了一个特殊的分支，其中任意给定矩阵（有限的或是无穷的）都能用一个粗体符号表示出来。因此，**a**代表着一个矩阵：

$$\begin{matrix}
a_{11} & a_{12} & a_{13} & a_{14} & a_{15} & a_{16} & a_{17} & \cdots \\
a_{21} & a_{22} & a_{23} & a_{24} & a_{25} & a_{26} & a_{27} & \cdots \\
a_{31} & a_{32} & a_{33} & a_{34} & a_{35} & a_{36} & a_{37} & \cdots \\
\cdots & \cdots & \cdots & \cdots & \cdots & \cdots & \cdots &
\end{matrix}$$

就像普通的数字一样，矩阵也可以与其他矩阵之间进行加减乘除运算。矩阵的加减法类似于数字的加减法：一个一个逐一进行加减。例如：

$$a \pm b = \begin{array}{|cccc} a_{11} \pm b_{11} & a_{12} \pm b_{12} & a_{13} \pm b_{13} & \cdots \\ a_{21} \pm b_{21} & a_{22} \pm b_{22} & a_{23} \pm b_{23} & \cdots \\ a_{31} \pm b_{31} & a_{32} \pm b_{32} & a_{33} \pm b_{33} & \cdots \\ \cdots & \cdots & \cdots & \cdots \end{array}$$

从这个定义推导的矩阵的加法服从交换律a+b=b+a，就像3+7=7+3或是a+b=b+a一样。但是矩阵乘除法的运算律就更复杂了。为了得到ab乘积中第m行第n列的数值，我们需要将a中第m行整个序列中的数和b中第n列整个序列中的数一个一个对应相乘，然后再将所有的乘积相加。这个运算法则可以通过下面的图片简化地表示出来，其中乘积中圆圈里的点是方块里的点的乘积的总和：

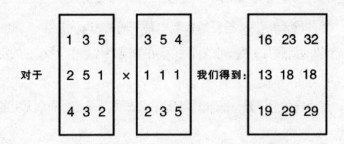

为了让大家更好地理解这个过程，我们用一组数来表示矩阵中的字母元素，并计算一下这两个矩阵的乘积：

因为1×3+3×1+5×2=16，1×5+3×1+5×3=23，等等。

现在我们将乘数的顺序调换，再计算一次：

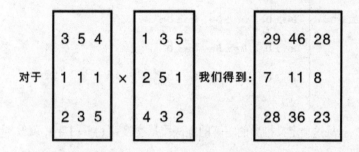

和第一个结果完全不同! 算术和普通代数上普遍应用的乘法交换律在矩阵计算中就不成立了! 这就是矩阵计算被称为"非交换代数"的原因。在此必须提一下, 不是所有的矩阵组合乘法的顺序交换之后都必须有不同的乘积结果。如果结果是相同的, 我们就说这两个矩阵是可交换的; 如果结果不同, 就说它们是不可交换的。

矩阵除法的定义与普通代数中是相同的, 也就是 $\frac{a}{b}=a\cdot\frac{1}{b}$, 其中 $\frac{1}{b}$ (这个数的倒数) 的值满足条件 $b\cdot\frac{1}{b}=1$。在非交换代数中出发, 它的定义为 $\frac{a}{b}=a\cdot\frac{1}{b}$, 其中 $\frac{1}{b}$ 满足条件 $b\cdot\frac{1}{b}=1$, 且:

海森堡的想法是, 由于原子释放出谱线的频率是由一个无穷的矩阵表示:

$$1=\begin{vmatrix} 1 & 0 & 0 & 0 & 0 & \cdots \\ 0 & 1 & 0 & 0 & 0 & \cdots \\ 0 & 0 & 1 & 0 & 0 & \cdots \\ \cdots & \cdots & \cdots & \cdots & \cdots & \cdots \end{vmatrix}$$

所以, 例如速度、动量等等的力学量应当被写作矩阵形式。因此, 机械动量和坐标位置应当由下面的矩阵给出:

96

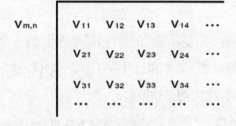

$$\mathbf{V}_{m,n} \quad \begin{array}{ccccc} V_{11} & V_{12} & V_{13} & V_{14} & \cdots \\ V_{21} & V_{22} & V_{23} & V_{24} & \cdots \\ V_{31} & V_{32} & V_{33} & V_{34} & \cdots \\ \cdots & \cdots & \cdots & \cdots \end{array}$$

以及：

$$\mathbf{p} = \quad \begin{array}{ccccc} p_{11} & p_{12} & p_{13} & p_{14} & \cdots \\ p_{21} & p_{22} & p_{23} & p_{24} & \cdots \\ p_{31} & p_{32} & p_{33} & p_{34} & \cdots \\ \cdots & \cdots & \cdots & \cdots \end{array}$$

其中p_{mn}和q_{mn}的数值随着上面矩阵中给出的频率ν_{mn}振荡。

$$\mathbf{q} \quad \begin{array}{ccccc} q_{11} & q_{12} & q_{13} & q_{14} & \cdots \\ q_{21} & q_{22} & q_{23} & q_{24} & \cdots \\ q_{31} & q_{32} & q_{33} & q_{34} & \cdots \\ \cdots & \cdots & \cdots & \cdots \end{array}$$

将p和q替换到经典力学方程中，海森堡希望获得各种"虚拟"振于单独的频率和振幅。然而，在得到最终结果之前还需要再做一步。在经典力学中，机械量p和q是普通的数字，因此，在计算中书写pq和qp没什么差别。而矩阵**p**和**q**是不可交换的（**pq**≠**qp**），所以需要引入额外的假设来说明**pq**和**qp**之间的区别。海森堡假设这个差值，同时也是一个矩阵，等于单位矩阵I乘以一个普通的数字系数，这个系数他选择了h/2πi。因此，附加条件就是：

$$pq - qp = \frac{h}{2\pi i} I$$

在经典力学公式中附加这一矩阵形式的条件，据此他得到了一个系统方程，对它求解可以得到谱线频率和相对强度正确的数值，这一数值与薛定谔通过他的波动方程获得的结果相同。

在物理假设和数学处理上，明明薛定谔的波动方程和海森堡的矩阵力学看上去都没有共同点，但二者的结果却出乎意料的相同，这之后薛定谔在其中一篇论文中给出了解释。他成功地证明了，虽然在一开始听起来难以置信，但是他的波动力学和海森堡的矩阵力学在数学上是等价的，事实上，我们可以从一个推导出另一个。这听起来就像在说鲸鱼和海豚不是像鲨鱼或是鲱鱼一样的鱼，而是像大象或是马一样的动物！然而，它就是事实，今天我们会根据自己的习惯和方便交替地使用波动力学和矩阵力学，尤其在计算辐射强度的时候，我们会在波动力学的基础上使用矩阵的元进行计算。

放弃经典线性轨迹

尽管新的量子理论，无论是波动方程还是矩阵形式，对原子现象都给出了完美的数学描述，但是它不能描绘出物理学的真实画面。这些神秘的波和变幻莫测的矩阵到底有什么物理含义呢？它们是如何与通常意义上的物质以及我们所生活的世界这些概念建立起联系的呢？在海森堡在1927年发表的一篇论文中给出了这个问题的答案。海森堡以爱因斯坦的相对论开头，当时这篇论文的发表（即便现在有时也会这样）被许多杰出的物理学家们认为是有悖于常识。什么是"常识"？著名德国哲学家伊曼努尔·康德（本书作者对于他的工作成果只是些许了解)可能会将它这么定义:"'常识'？为什么这样问,"常识"不就是事情本该有的样子么?"如果接下来,他又被问道:"那么'事情本该有的样子'是什么样子呢?"他可能会回答说:"这个嘛,就是'事情一直以来的样子'。"[1]

自然界的基本定义和规则虽然制定得完善,但是它们只在观测中才能成立,如果没在观测,那么,它们并没有成立的必要,爱因斯坦可能是第一个意识到这一重要事实的人。对于身处古老文化的人来说,地面是平的,但麦哲伦当然不这么认为,现代宇航员也不会这么认为。空间、时间和运动这些基本物理概念直到科学先进到超越了限制过去科学家的极限而被完善地建立起来,并且成为了"常识"。接下来产生了一个剧烈的矛盾,主要由于迈克尔逊的光速实验产生,它使爱因斯坦放弃了关于时间、距离的测量以及力学方面的"常识性"观点,建立起了"非常识性"的相对论。结果发现,对于非常高的速度、非常远的距离以及非常长的时间,事情就不是它们"本该有的样子"了。

海森堡提出,对于量子理论领域也存在着相同的情况,于是他开始寻找当我们进入到原子现象领域时,物质粒子的经典力学有哪些地方不再成立。就像爱因斯坦开始对经典物理在相对论领域的实效做批判性分析,批判了远距离的两个事件发生的同时性这种基本概念。海森堡也开始推翻经典力学的基本概念,比如对于一个运动物体轨迹的概念。从远古时代,轨迹就被定义为:物体在空间运动所沿着的一条路径。在数学计算中使用的极限情况下,"物体"是数学上的一个点(欧几里德的定义中它没有尺寸),而"路径"是数学上的一条线(欧几

1.这一想象中的对话只是作者脑海中出现过的对话,并不是伊曼努尔·康德真正说过的。——作者注

里德的定义中它没有厚度）。从没有人怀疑过这种极限情况就是对运动的可能描述中最好的那个，也没人怀疑过，通过降低实验上坐标的误差和运动粒子的速度，我们可以无限接近对运动的精准描述。

海森堡提出了异议。他指出，如果世界在经典物理定律的掌控下，那么这个观点无疑是正确的，但是量子现象的存在可能会使情况发生转变。首先考虑一个理想实验，我们试图通过这个实验确定一个运动质点的轨迹，不如将条件定为在地球的重力场中。为了达到这个目的，我们建立一个密闭室，将其中的空气抽出直到里面没有一个分子剩下（图24）。在这个密闭室的墙壁上，我们安装了一个小型的加农炮C，它射出的弹药质量为m，初速度为v，并且不妨假设，初速度是沿水平方向。在密闭室的另一面墙上放置一个小型经纬仪T，它可以随着路径瞄准正在下落的粒子。室内被一个位于天花板的电灯泡B照亮。从灯泡发出来的光被下落的粒子反射并进入到经纬仪管中，于是粒子的位置既可以在观测者的视网膜上显示，也可以在照相底片中成像。

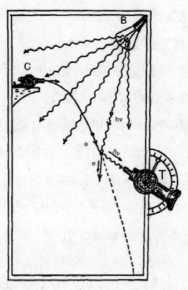

图24. 海森堡的理想量子显微镜,用于解释不确定关系: $\Delta p\Delta h\geqslant h$。

由于我们进行的是一个理想实验,所以必须将所有可能干扰粒子运动的效果考虑进去,并且即便空气是完全真空的,我们也确实发现了一个可能的影响因素。灯泡发出的光被反射进入经纬仪管时,它会在粒子上作用一定的压力,这可能会使粒子从常规的抛物线轨迹中偏离。我们能把这种扰动认为小到忽略不计或是无穷小吗?

让我们逐步地进行,首先我们只估计粒子的10个位置,在下落期间灯泡只闪烁10次,于是排除了粒子不被照射时光压的效应。假设在第一次实验中,反射光的10次撞击效应使粒子从常规轨道上偏离了很远。有一个很简单的补救办法,我们可以用一个必要系数来减小光的强度,因为在经典物理中,一次闪烁释放的辐射能没有最低的限制,对反射光接收器的敏感度也没有最低限制。通过降低光强,我们可以使粒子飞行期间的总干扰将至我们所期望的任意数值 ε 以下。现在,如果

101

我们决定增加观测位置的数量，从10个点到更精准的轨迹，我们就需要在飞行过程中，将灯泡闪烁100次。总的飞行期间辐射光压力的效果也会相应地增加，总的干扰可能变得比ε还要大。为了弥补这一效果，我们使用光强是原来1/10的灯泡以及敏感度是之前10倍的接收器。之后的步骤就是观测10^3次、10^4次、10^5次等等，分别使用光强更弱的灯泡和更敏感的检测仪。到了极限的时候，我们会得到对轨迹的干扰不超过ε的无穷多个观测数据。除此之外，还需要考虑另一个因素。无论运动的点多小，它在屏幕上的光学影像也不会比所使用的光的波长λ小，这是由衍射现象决定的。这一缺陷也可以进行弥补，通过降低入射光波长λ，用紫外线、X-射线、越来越强的γ射线来替代可见光。因为在经典物理中，对于电磁波的波长没有最低的限制，所以每个衍射图案的直径都能达到所需要的任意小的程度。按这种方法进行，我们就能观测到总运动中的干扰不超过ε的而且尽可能细的路径。因此，在经典力学的范围内，我们能构造出概念性的轨迹，正如欧几里德所描述的线一样。

那么，事件的这种欧几里德状态与现实事件有什么对应吗？海森堡说："并没有。"他认为由于光量子的存在，我们理想实验的程序会变得不太可能。事实上，被一次"光的闪烁"携带的能量最小值等于$h\nu$，对应的机械动量为$h\nu/c$。在闪烁光反射到经纬仪的过程中，这些动量的一部分会传递到粒子上，粒子动量的改变量为：

$$\triangle p \cong \frac{h\nu}{c}$$

因此，观测次数的增加，对于轨迹的干扰会超过任何极限，粒子不再会沿着抛物线运动，而是在执行布朗运动，在密闭室中被前后撞击到各个方向。一种减少这个干扰的方式就是降低ν，根据关系式$\nu =$

c/λ，由于频率的降低意味着波长的增加，直到波长增加到和密闭室的尺寸一样大。这样，我们就不会看见跳到屏幕各个地方的小闪光，而是观测到一系列又长而又相互重叠的衍射点覆盖在整个屏幕上。因此，通过这个方法不会获得像数学上定义的线一样的轨迹。

唯一的选择就是寻找一个妥协。我们需要使用频率不是特别高，波长又不是特别长的光子。由于我们所知道的粒子位置的不确定量 $\Delta q \simeq \lambda, \lambda = c/v$，于是我们有：

$$\Delta p \cong \frac{hv}{c} = \frac{h}{\lambda}$$

等价于

$$\Delta p \Delta q \simeq h^1$$

这就是著名的海森堡不确定关系。写成速度的形式，这个关系式变为：

$$\Delta v \Delta q \simeq h/m$$

暗含的意思是经典力学的误差只在质量非常小的情况才变得重要。对于质量为1毫克的粒子[2]，我们有：

$$\Delta v \Delta q \cong \frac{10^{-27}}{10^{-3}} = 10^{-24}$$

比如，如果取下列数值，这个关系式就能被满足：

$$\Delta v \simeq 10^{-12} \text{cm/s};$$

$$\Delta q \simeq 10^{-12} \text{cm}$$

因此，根据这个关系式，一个小型弹药的速度不确定小于每100年0.3m，它的位置不确定就相当于原子核的直径。很明显，没有人会在

1.这一关系式中通常用给出≅意思是"约等于"，或是用≌意思是"大约"，再或者是图25给出的形式，用≧表示"大于或等于"。——作者注

2.1毫克是1/1000克，即，1mm³水在4℃的质量。——作者注

意这么小的不确定性！但是另一方面，对于质量为10^{-27}g的电子，我们有：

$$\Delta v \Delta q \cong \frac{10^{-27}}{10^{-27}} \cong 1$$

由于电子在原子中，所以，它的位置不确定为$\Delta q = 10^{-8}$cm，我们就得到了它的速度不确定为：

$$\Delta v = \frac{1}{10^{-8}} = 10^8$$

对应于它的速度不确定，动能不确定为：

$$\Delta K \cong mv \Delta v \cong 10^{-27} \cdot 10^{-8} \cdot 10^{-8} \cong 10^{-11} 尔格 \cong 10 电子伏特$$

与电子在原子中受到的总束缚能相当。很明显，在这些情况下，把原子中的电子轨道画成线就很荒谬了，因为这些线的宽度应当和玻尔量子轨道的直径差不多！

有人会说粒子的轨迹可以不通过光学方法观测到，这样会产生m描述的困难，可以通过某种散布在空间中的机械装置来记录接近它们的粒子的行径，比如可能是被粒子撞击后就会发出声响的"小铃铛"。但是，这样又产生了麻烦。假设记录的装置是由在半径l的范围内移动的粒子组成。这个被量子化的粒子具有一系列的量子状态，在数值上不同于以下这个机械动量：

$$\Delta p \cong \frac{h}{l}$$

因此，如果入射粒子的撞击将装置从一个量子态变换到了另一个量子态，那么，入射粒子就会失去一大部分它的动量。但是，L是入射粒子位置的不确定值Δq，因为入射粒子可以击打到记录装置表面的任意点上。因此，我们依旧可以得到：

$$\Delta p \Delta q \cong h$$

这是对于机械方法实施的测量而得到的数值。可以在此说明,这种铃铛法在实验核物理中被广泛地使用,名为"云室",其中气体的电离原子(上面凝结了水蒸气)形成了长长的轨迹,显示出各种原子粒子的运动。不过,云室中的痕迹并不是数学意义上的线,事实上它们比不确定关系中所允许的宽度要厚的多。

由于在原子物理和核物理中经典线性轨迹的定义不可避免地失败了,所以很明显需要设计另外一种方法,以便描述物质粒子的运动。于是Ψ-方程就为我们提供了帮助,它们不代表任何物理实体。德·布罗意波没有像我们在电磁波的情况下发现的质量,而且,原则上说,我们能买到半磅红光,世界上不存在一盎司的德·布罗意波。它也不含有比经典力学线型轨迹更多的物质,事实上,它只能被描述为"数学意义上较宽的线"。它们在量子力学中引导着粒子的运动,就像经典力学中线性的轨迹引导着粒子运动一样。但是,正如我们不将太阳系中行星的轨道看作某种铁路轨道一样迫使金星、火星和我们的地球沿着椭圆形轨道运动一样,我们也不会将波动力学连续方程看作某种力场对电子运动产生的一些影响。德·布罗意-薛定谔波方程(或者用它绝对值的平方更好,即$|\Psi|^2$)只是决定了粒子在空间中的一个位置或者另外一个位置的概率,并且会以一个或者另外一个运动速率移动。

在结束这一章之前,我们一定要提到尼尔斯·玻尔和阿尔伯特·爱因斯坦之间精彩的辩论,玻尔是不确定关系的强烈拥护者,而爱因斯坦直到他去世的时候仍对不确定关系持有强烈地反对态度。这件事发生在布鲁塞尔第6次索尔维会议上(1930年),这是为量子理论的问题举办的会议,并且(由于期待着爱因斯坦的出席)会议还涉及了4维的不确定关系。

至此, 我们在本书中用关系式 $\Delta p \Delta q \cong h$, 表示了任意单个坐标和对应的机械动量。而在3维笛卡尔坐标系中, 有3个独立的关系:

$$\Delta p_x \Delta x \cong h$$

$$\Delta p_y \Delta y \cong h$$

$$\Delta p_z \Delta z \cong h$$

由于在相对论中, 时间(以ct的形式[1])是第4坐标, 能量(以E/c的形式)是机械动量的第4分量, 所以, 有人认为可能存在着一个第4不确定关系式:

$$\Delta E \Delta t \cong h$$

正是这一话题导致了会议上这次事件的发生。

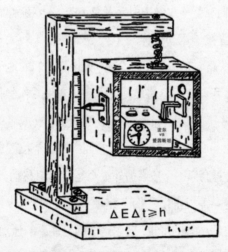

图25. 玻尔的理想实验, 证明了爱因斯坦的观点, 关系式 $\Delta E \Delta t \geq h$ 是错的。

爱因斯坦向前一步宣布: 他可以给出一个思想实验作为这第4个

1.其中c=3·10^{10}cm/s, 时光在真空中的光速。——作者注

关系的反例。他说到:"想象一个内壁镶嵌着理想镜面的盒子(就像第一章中讨论的琼斯立方体一样),里面填充了一定量的辐射能。在一面墙上有某种连接着理想闹钟的理想快门,设置成当盒子填充进辐射的任意时间后关闭(图25)"。因为闹钟在盒子里面,快门又是关闭的,所以盒子的内部与外界环境完全隔离。爱因斯坦计划在闹铃响之前称量盒子的重量。只要时间充足,称量可以达到任意需要的精度。快门将在闹铃响的一刻打开,将一定量的辐射能E释放出去。快门关闭之后,我们可以再一次以任意所需精度来测量盒子的重量。通过两次测量结果,可以得到任意精度的重量变化M_2-M_1。再乘以C_2就是释放出能量的确切值,所以,能量不确定$\Delta E=0$。另一方面,理想闹钟会完美地工作,这样,当这些能量释放的时候也不会有时间不确定,即$\Delta t=0$。而有了$\Delta E=0$和$\Delta t=0$,说明第4种不确定关系不存在。

这一论证看起来很有说服力,玻尔也无话可说。但是到了第2天早晨,经过了一个不眠之夜,玻尔满脸洋溢着光芒出现在会议大厅中,他带来了一个解释。他指出,为了称量盒子的重量,无论使用天平还是弹簧秤,都要允许它在竖直方向上运动。闹钟会受地球的重力场的作用,发生位置的改变。根据爱因斯坦定律中重力势能对钟表速率的影响,闹钟会变慢或者变快。于是在快门释放的时候,会引入时间不确定的值Δt。另一方面,决定了Δt的盒子竖直方向振动的振幅又通过普通的关系$\Delta p_z \Delta z \cong h$与质量变化联系起来,因为当能量释放后会引起盒子的振动。将公式进行变形,玻尔很容易的得到了结论$\Delta E \Delta t \cong h$,从而用爱因斯坦自己最重要的发现击败了他自己的观点。

本章的重点放在了海森堡的原理上,却并没有着重介绍他本人的性格特点。不过作者可以补充的是,海森堡是一位滑雪能手,还是一位左撇子乒乓球运动专家，而且他作为物理学家尽管声名显赫，但在莱比锡歌剧院（他在此担任过教授），他则是一位更著名的一级钢琴演奏师。

第六章 P·A·M·狄拉克和反粒子

相对论和量子理论，它们几乎是在本世纪初同一时间出现的两个理论，是人类智慧的两个大爆发，撼动了经典物理学的根基。相对论是对于速度接近于光速的情况；量子理论是对于微观世界（原子）运动的情况。但是，将近30年中，这两个伟大的理论彼此间或多或少地相互独立。玻尔量子化轨道的初始理论以及从它发展而来的薛定谔波动方程从本质上来讲是非相对论的，两个理论都只应用于小于光速运动的粒子。但是，原子中电子的运动速度并不是这么小。举例来说，根据玻尔理论计算，氢原子第一条轨道中的电子具有$2.2 \times 10^8 \mathrm{cm/s}$的速度，只比光速少不到1/100，而较重原子内部电子的速度就要大得多了。当然，百分之几并不算大，并且也可以通过引入"相对论修正系数"来提高计算结果的准确性，这样结果和实验的直接测量数据更相近一些。不过这只是一种改善方法，并不是对理论的完善。

在电子磁矩的问题上又产生了另一个问题。1925年，古德斯密特和于伦贝克指出，为了解释原子光谱中的细节问题，需要认为电子具有某种角动量和磁矩[1]，这被普遍称为"电子自旋"。当时不成熟的想法是：电子是一个直径大约为$3 \times 10^{-18} \mathrm{cm}$的微小带电球体。这个球体绕着自身转轴快速地转动应当会产生一个磁矩，并导致与电子的在轨运动以及与其他电子的磁矩产生额外的相互作用。然而，结果发现，为了产生所需的磁场，电子必须高速旋转，以至于在它轨道上的点将会达到比光速还要高很多的运动速度！这里，我们再次遇到了量子物理和相对论物理之间的冲突。人们越来越清楚地知道，相对论和量子物理并不是简单的加在一起就好了。需要一个更概括的理论，这一理论既包含

1.见《磁体》，弗兰西斯·拜特，双日出版社，科学研究系列（1959年）。——作者注

相对论思想又包含量子思想，并能将它们和谐统一起来。

1928年，英国物理学家P·A·M·狄拉克在这一方向上迈出了最重要的一步，他以一位电力工程师的身份开始了自己的职业生涯，但却发现很难得到满意的工作，于是就申请了剑桥大学的物理学奖学金。现在，他的申请函（被录取）被精美的装裱并悬挂在大学的图书馆中，旁边是他从电力工程师转变为量子物理学家没过几年就得到的诺贝尔奖证书。

现在，在著名科学家中总流传着"没头脑教授"的故事。大部分情况下，这些故事不是真实的，只是流言蜚语罢了，不过对于狄拉克的情况，所有故事都是真的，至少在本书作者看来是这样。为了将来历史学家方便考证，我在这里讲讲其中的几件事。

作为一位伟大的理论物理学家，狄拉克喜欢将日常生活中的所有问题理论化，而不是通过直接的实验得到结果。一次，在哥本哈根举办的宴会上，他提出了一个理论，要相聚多远，女人的脸看起来才是最漂亮的，这一定存在一个确切距离。他论证道：在距离d=∞时，我们啥也看不见，而当d=0时，脸的椭圆轮廓就变形了，因为人眼的可视范围很小，而且在这个距离下，其他许多的缺点（比如小雀斑）会被放大。因此，存在某个最优化距离使得面容看起来最漂亮。

"告诉我，保罗，"我问他，"你和女人的脸最近贴过多近？"

"哦，"狄拉克回答我，将他的手掌放在和脸大约2英尺的位置，"大约这么近。"

几年之后，狄拉克娶了"维格纳的妹妹"，她在物理学家们之间很有名，因为它是著名的匈牙利理论物理学家尤金·维格纳的妹妹。当狄拉克的一位老友，这位朋友（还没听过他结婚这件事），突然到狄拉克家里拜访时，发现狄拉克身边有一位美丽的女人，沏了茶又舒服地坐在沙发上。"你最近怎么样！"这位朋友说，他的心里还在想着这姑娘是谁啊。"哦！"狄拉克大声说，"抱歉，忘了向你介绍了。这位是……这位是维格纳的妹妹。"[1]

狄拉克的量子幽默总会在科学会议上发挥出来。一次，在哥本哈根，克莱恩和仁科在做演讲，推导著名的克莱恩-仁科公式，这个公式描述的是电子和量子之间的碰撞。当最后的公式写到了黑板上，听众中某个已经看过这篇论文手稿的人说到："黑板上公式里的第2项是负号，而手稿中的这项是正号。"

"哦，"仁科说，他负责解释，"手稿中的符号当然是正确的，不过，在这里的黑板上，我一定是哪里出了一个符号上的差错。"

"在哪个奇数行出了一个符号的差错！"狄拉克说。

狄拉克观察敏锐的另一个例子似乎带有些文学色彩。他的朋友彼得·卡皮查是一位俄罗斯物理学家，他给狄拉克了一本英文版的陀思妥耶夫斯基的《罪与罚》。

卡皮查在狄拉克归还这本书的时候问到："你觉得这本书怎么样？"

"写得挺好的，"狄拉克说，"但是有一章，作者出现了一个错误。他描述太阳时说同一天升起了两次。"这就是他对于陀思妥耶夫斯基的小说作出的唯一一条评价[2]。

还有一次，狄拉克去卡皮查的家拜访，当他和彼得讨论物理时，

1.在作者最近和狄拉克夫人的谈话中（在奥斯汀、得克萨斯等等好多地方），作者被问到："这个故事是不是真的？"他说，狄拉克实际上说的是："这位是维格纳的妹妹，她现在是我妻子。"——作者注

2.作者从卡皮查那里听说了这个故事，也懒于再读一次《罪与罚》来找出这个错误出现在哪一章。不过本书的一些读者可能会愿意尝试一下。——作者注

还观察着安雅·卡皮查织毛衣。走了以后几个小时，狄拉克又跑回来了。

"你知道吗? 安雅!"他满脸兴奋地说，"看到你织这件毛衣的方法，我忽然对这个问题的拓扑很感兴趣。我发现还有另一种织毛衣的方法，而且只有这两种可能的方法。一个就是你用的那种，另一种是这样……"他就用他又长又细的手指演示了第2种方法。安雅告诉他说："你新发现的、'另一种方法'，是女人都知道的，而且和'反针'没有什么区别。"

在我们讨论他的科学贡献之前，容我再讲一个故事来结束"狄拉克的故事集"。在多伦多大学，狄拉克演讲过后的提问环节，听众中的某个人说道："狄拉克教授，我不明白你是怎么得到黑板左上角那个公式的?"

"这不是个问题，"狄拉克很快说道，"这是一个陈述句。来，下一个问题。"

将相对论和量子理论统一起来

现在，让我们转向狄拉克在物理学上的成就。正如我们在本章开篇时所说，量子理论和相对论不会像中国的拼图一样完美地拼接在一起。有人能将它们拼接得十分接近，但是中间总存在着细微的缝隙，使结果没有那么完美。在量子理论中，薛定谔的波动方程看上去和描述声波或电磁波传播的经典波动方程非常类似，但是就是……

经典物理中需要考虑的物理量, 无论是空气密度还是电磁力, 在波动方程中总是以2次导数的形式出现[1]; 即, 关于x、y、z、t变化率的变化率, 习惯上写作:

$$\frac{\partial^2 u}{\partial x^2}; \frac{\partial^2 u}{\partial y^2}; \frac{\partial^2 u}{\partial z^2} \text{和} \frac{\partial^2 u}{\partial t^2}$$

这种方程的精确数学解通常是谐波在空气中传递的方程。薛定谔的波动方程包含x、y和z的2阶导数, 却只有t的1阶导数。原因是这个方程是从经典牛顿力学推导而来的, 其中运动物质粒子的加速度与作用力成正比。事实上, 如果x是粒子的位置, 那么, 它的速度v(即, 位置随时间的变化率)是x对t的1阶导数:

$$\left(\frac{\partial x}{\partial t}\right)$$

而它的加速度a(即, 速度随时间的变化率)是2阶导数:

$$\frac{\partial\left(\frac{\partial x}{\partial t}\right)}{\partial t}$$

习惯上写作:

$$\frac{\partial^2 x}{\partial t^2}$$

另一方面, 作用力F是这一位置所具有势能P的1阶导数:

$$\frac{\partial p}{\partial x}; \frac{\partial p}{\partial y} \text{和} \frac{\partial p}{\partial z}$$

因此, 牛顿基本运动定律中所说的加速度正比于作用力, 包含了对空间坐标的1阶导数以及对时间坐标的2阶导数。这一事实使得描述粒子运动的牛顿方程在数学上是不均衡的, 时间t和空间坐标x、y、z的地位不一致。在经典物理中已经存在了几个世纪的, 这一情形反映在了

1.在本书作者的另一本书《重力》的第三章("微分")中用基础的方式讨论了导数的概念, 发表在1962年的同一系列中。同样可以参见《物理学中的数学》(双日出版社, 科学研究系列, 1963年), 作者是弗朗西斯·拜特。——作者注

薛定谔的非相对论波动方程中，使这个方程中的空间和时间对待起来也是十分不同的物理量。

但是，我们一旦试图在相对论的基础上建立量子理论定律的方程，就陷入到时间和空间彼此紧密联系的困境当中。事实上，顺着爱因斯坦的想法，H·闵可夫斯基建立了4维时空连续体的概念，其中时间乘以一个假想单元 $i = \sqrt{-1}$，这样就可以被认为与3个空间坐标相同。在闵可夫斯基建立的世界里，x、y、z和ict（其中c的引入纯粹是量级上的考虑[1]）之间没有差别。

（在主要讨论量子理论的本书中，我们没有增添相对论细节的太多篇幅；对于相对论不熟悉的读者一定要从其他书中得到这方面的信息[2]。不过，作者在此只能假设阅读接下来章节的读者，对爱因斯坦理论的基本思想至少有一些基础的认知。）

正如我们之前讨论的，波动力学方程中一定包含4个坐标同阶的所有导数。而薛定谔的方程是从牛顿方程推导出来的，并不满足这样的条件。O·克莱恩和W·戈登首次独立尝试消除这一缺陷，他们只通过引入对时间的2阶导数替换了对时间的1阶导数就可以将薛定谔的非相对论波动方程转变成相对论波动方程的形式。但是，虽然克莱恩-戈登波动方程看上去很完美而且很像相对论的形式，但是它却受到了来自内部的大量非议，而且用任何合理的所有方式将电子自旋引入方程的尝试都宣告失败了。

这件事之后，在1928年的一个傍晚，保罗·阿德里安·莫里斯·狄拉克将自己的两条大长腿伸向壁炉燃烧着的柴火，他坐在圣约翰大学

1.同时系数c（光速）的引入可以保持物理量纲的正确性。——作者注
2.参考《相对论和常识》，赫尔曼·邦迪，双日出版社，科学研究系列（1964年）。——作者注

书房的扶手椅上沉思时，忽然萌生了一个十分简单而又精妙绝伦的想法。

如果在相对论的波动方程中，使用关于时间坐标的2阶导数都不能获得什么有意义的结果，那么，在这个方程中，为什么不用对空间坐标的1阶导数呢？当然，这意味着要引入更多的假想单元i，但是可以将波动方程中的空间和时间对称起来。于是出现了狄拉克线性（只包括1阶导数）方程，当应用于氢原子时，很快得到了极好的结果。所有谱线的分离，也就是过去一直用电子自旋和磁矩所解释的现象，基于这个新理论被完全正确地计算了出来。理论在这方面的成功还是有些出人意料的，因为狄拉克推导他的方程时，只是保证它相对论的正确性，电子自旋是相对论和量子理论正确结合之外额外的奖励。而且电子并不是一个微小带电且迅速自转的球体，而是一个点电荷。根据狄拉克方程的正确性，它表现的好像是一个小磁极一样。

但是写下了这个代表相对论和量子理论完美结合的波动方程之后，狄拉克还需要面临另一个困难，也就是任何尝试想要统一这两个理论都会遇到的问题。根据爱因斯坦的著名关系式，静止质量m_0（单位为克）相当于能量m_0c^2（单位为尔格），其中c是光速。如果质量以某个速度v运动，便会具有$K=1/2\ m_0v^2$（一阶近似）的动能[1]。所以，总能量为：

$$E = \frac{m_0c^2}{\sqrt{1-\dfrac{v^2}{c^2}}} \cong m_0c^2 + 1/2\ m_0v^2 \quad [2]$$

但是，由于爱因斯坦相对论力学的数学性质，还有一种运动形式，它对应的总能量为：

1.更精确的数值为$m_0c^2\dfrac{1}{\sqrt{1-\frac{v^2}{c^2}}}$，其中如果v≪c，那么这个值等于$\frac{1}{2}m_0v^2$。——作者注

2.等于在v≪c的条件下成立。——作者注

$$E = -\frac{m_0 c^2}{\sqrt{1-\frac{v^2}{c^2}}} \cong -m_0 c^2 - 1/2\, m_0 v^{2②}$$

这个方程可以通过将上一个式子中的$+m_0$替换成$-m_0$得到,物理意义是负质量的引入。因此,相对论力学原则上允许有两组分离的能量级别:其中一个能量级别包括静止能量为$+m_0 c^2$的能量乃至更高的能量,另一个系统包括静止能量为$-m_0 c^2$以及更低的能量(图26)。

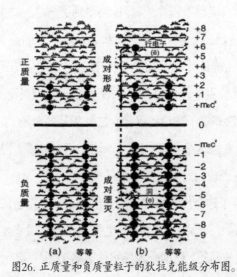

图26. 正质量和负质量粒子的狄拉克能级分布图。

左边(a)所有负能级被完全填充,只有6个普通电子能在正常的正能级上存在;

右边(b)一个负能级上的电子上升到了正能级中而使负能级中出现了一个"洞",这个"洞"看上去像一个普通正质量的正电子。如果这个多余电子从正能级落回到洞中(和的"湮灭"过程),那么能量差将以γ-辐射的形式释放。

图中上半部分的能级(E>0)对应于我们所熟悉的物质粒子(电子、质子等)的运动类型,而图中下半部分的能级(E<0)不对应于任何物理实体。具有负惯性质量的粒子和自然界中观察到的任何事物都对

118

应不上。确实，由于它们具有负质量，所以它们会在与作用力相反的方向上加速，并且为了使这种运动粒子停下来，我们得按照它的运动方向来推它而不是对它施加逆向的阻力！想想这两个粒子，不妨可以是两个电子，它们的质量在数值上相等但是符号相反（+m和–m）。根据库仑定律，它们会在静电斥力的作用下，彼此相互排斥，斥力在数值上相等而且方向相反。如果两个粒子都具有正质量，那么这一相互作用会产生等大而方向相反的加速度（图27a），并且它们彼此相距会越来越远，逃离的速度也会越来越快。但是，如果其中一个粒子是负质量（图27b），它被加速的方向就会与另一个粒子相同，它们会一起逃离，彼此间保持恒定的距离，并且速度被加速到无穷大（当然会小于c）。这与能量守恒定律并不矛盾，因为这两个粒子动能的和为：

$$\frac{1}{2}mv^2 + \frac{1}{2}(-m)v^2 = 0$$

与运动开始之前是相同的。整件事情发生得完全令人难以置信，并且还从未发现具有这些性质的粒子。

图27. 一个正质量粒子和一个负质量粒子之间的相互作用。

在经典相对论力学中（没有考虑量子现象），具有负质量粒子造成的困难可以被轻易地消除。确实，正如我们从图26中所看到的，正能量区域和负能量区域被$2m_0c^2$的间隔分开了（对于电子的情况大约是10^6电子伏特）。由于在非量子力学中（经典力学和相对论力学），能量的变化一定是连续的，图上部的粒子不能移动到图的下部，因为这会使它的能量不连续变化。因此，在物理学通常的描述中，负质量的状态会当成一种不必要的数学可能性而被摒弃。然而，当我们引入了量子现象，情况就发生了根本性改变。在量子理论中，电子和其他基本粒子就是喜欢跃迁到更高能级或者更低能级中。因此，在相对论量子理论中就会出现一个矛盾的现象：所有正常的电子都可以从正能量状态跃迁到负能量状态，然后整个宇宙就混乱了！

狄拉克能想到的克服这一矛盾的唯一办法就是利用泡利原理，并假设所有负质量对应的能级已经被占据（每一能级上有两个自旋相反的电子），没有给正质量能级上的电子留有可占据的位置。这与我们熟悉的原子外电子层的情形类似，当L层或K层已经被先到达的电子完全占据，那么M层中的电子就不能跃迁到L层或K层上了。但是，原子是具有有限数量电子的受限结构，而狄拉克的理论是应用在无限的空间并且真空中每cm^3中有无穷多个电子。到目前为止还好，但是如果我们忽略这些电子无穷的质量，那么根据爱因斯坦的引力相对论（有时叫做"广义相对论"），真空的曲率半径就等于0！

将这个难题放在一边，狄拉克问自己：具有负质量而且带负电的电子的分布能不能被观测到？换句话说，能否被某种物理测量仪器检测到？答案是否定的。没有一种电子仪器能检测出空间中均匀的电场分布，无论每单位体积的电场有多强。为了理解这一点，我们可以想象一条从未到达海面也一直从未沉入海底的深海鱼，如果假设海洋中的水是没有摩擦力的（某种像液氦的物质），我们就可以得出结论，虽然这条鱼可能很聪明，那它也无法感知自己是在水中游动还是在完全真空的环境中游动。并且，如果它不能被观测到，那么也不会被用对自然界的物理描述当中。我们的这条深海鱼已经习惯了看见物体下落，不管是从航行海洋的船只甲板上扔下来的垃圾，还是在极少数情况下，沉入海底的船只本身。因此，根据亚里士多德的说法，这条鱼会理解重力的概念，重力也就是使所有物质体向下运动的某种力。

但是，现在我们假设有一个沉入海底的可口可乐空瓶子，或是一个落入海底的远洋客轮，其中封锁了一些空气，而撞击海底后里面的空气被释放了。这条聪明的鱼会看见什么呢？它会看到一大堆银色的球体（通常来说是气泡）在逐渐上升。这条聪明的鱼观察到这些物体时会想些什么呢？它会因为这些东西会朝着与重力相反的方向运动而感到震惊，并且它更倾向于认为：它们与向下运动的普通物体具有符号相反的质量。

我们可以做一个相近的类比，考虑一个复杂的原子，其中它的K层、L层以及M层都被占满，它在强烈的X-射线的射击下失去了K层中两个电子之中的1个电子。于是在第K电子层上出现了1个空位（泡利空位），L电子层其中的1个电子会跃迁到这个位置，并在L层上留下1个空位。接下来的一步就是M层中最活跃的1个电子填补了L层的空缺。当然，还存在一种可能就是M层上的电子抢先L层上电子一步，第K电子层中的空缺直接被M层的其中1个电子占据了。

反粒子物理学

但是我们可以从一个不同角度来看这个问题。K电子层缺失了1个带负电的电子相当于填补了1个正电荷。一个负电子从L层落到K层相当于1个正电荷从K层到L层之后又上升到了M层。从这个角度来看，我们假想1个带正电粒子从最低能级K到达了很高的能级M，接下来又进入到外界原子间的空间。因为根据库仑定律，带正电的原子核理应排斥这个假想的带正电的电子，所以一切都没问题。

让我们回到狄拉克充满负质量带负电的电子海洋中，我们可以问自己：一位实验人员会如何理解负质量带负电的电子从它的能级消失这件事情。很明显，由此可以推断出两个直接结论：（1）负电荷的缺失可以被看作正电荷的出现。因此，实验者会观察到1个带有+e电荷的粒子；（2）负质量的缺失相当于正质量的出现。因此，这个粒子的表现会很正常，会以1个带正电的普通粒子而被观测到。推断到这里，狄拉克又将他的想法延伸过了头。他认为可以证明，在电子海洋中具有负质量的这个洞的质量在数值上大约等于1个普通电子质量的1840倍。如果真的是这样，那么狄拉克海洋中的洞将以普通质子的形式而被观测到。

狄拉克于1930年的论文（或者论文发表之前关于这一想法私下的讨论和通信）激起了强烈的反对声音。由于某些原因，狄拉克并不认识尼尔斯·玻尔，而玻尔却对大象很感兴趣，于是他写了一个捕猎的故事叫做"如何活生生地抓住大象"。他出于对非洲大型动物狩猎者有利的角度，给出了下面的方案：在河岸上大象喝水和洗澡的聚集点，人们应当树立一张大海报，上面用简短的语言来解释狄拉克的提议。当大象这种众所周知非常聪明的动物到这来喝水，读到海报上的文字就会变得迷茫,会出神几分钟。利用这段时间,躲藏在灌木丛中的捕猎者就会溜出来用粗粗的绳子将大象的腿死死地绑住。接下来,大象就可以坐船运往汉堡的哈根贝克动物园了。

泡利也是一个爱开玩笑的人,他做了一些计算,说明如果氢原子中的质子就是狄拉克所描述的洞,那么,电子将会在一秒中可以被忽略的片段中跳入洞里,并且氢原子(所有其他元素的原子也是一样)将会在高频辐射爆发之中即刻湮灭。泡利提出了被称为"第二泡利原则"的理论,根据这个理论,被一个理论学家提出的任何理论都将被立即应用到他自身上。因此,在狄拉克告诉任何人他的想法之前,他就会变成γ-射线。

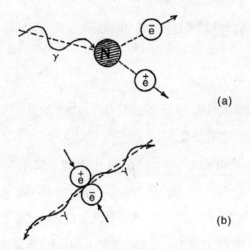

图28. 根据狄拉克理论,负电子和正电子($\bar{e}$和$\overset{+}{e}$)的"产生"和"湮灭":

(a)一束高能γ-射线撞击了原子核(N)变成了电子对$\bar{e}$和$\overset{+}{e}$;

(b)电子对$\bar{e}$和$\overset{+}{e}$在自由空间中碰撞并产生了向相反方向运动的两条γ-射线。

所有这些玩笑都很有趣, 但是在狄拉克论文发表一年之后, 一位美国物理学家, 卡尔·安德森, 在研究宇宙射线电子通过强磁场时, 发现一半的电子在预期正常运行的带负电粒子的方向上被偏转, 而另外一半电子会沿相反方向的相同角度偏转。这些电子是狄拉克理论预测到的带正电的电子, 有时将它们称为 "正电子"。对于 "正电子" 的实验研究表明, 它们应该与狄拉克的洞具有完全相同的性质, 尽管首先在宇宙射线中找到了 "正电子", 但是人们很快发现, 它们也可以在受控的实验室条件下产生, 只需简单地向金属板射击强的 γ-射线。当1个 γ-量子撞击到原子核后便会消失, 所有的能量转化成两个电子, 1个带正电的电子, 1个带负电的电子, 如图28a所示。由于1个电子的质量用能量单位表示等于0.5兆电子伏特, 所以只有当 γ-射线的能量大于1.0兆电子伏特时, 才会产生这个过程。剩下的能量:

$$h\nu - 2m_0 c^2$$

便传递到了碰撞中 "生成" 的电子对(和)上。这两个电子的命运很不一样。带负电的电子(普通电子)在与其他形成物质的粒子碰撞过程中逐渐减速, 之后变成了其中的一员, 带正电的电子不会存在很久, 当它与其中一个带负电的电子(普通电子)碰撞后便会湮灭, 释放出两个 γ-量子(图28b)。"生成" 和 "湮灭" 这两个术语不能从形而上学的意义上来理解。我们也可以说, 冰就是把水放进冰点以下的环境后从水中 "生成" 的, 并且冰会在室温的条件下 "湮灭" 变成水。在这两个过程中, 都满足质量和能量守恒定律(但其实是一条定律, 因为爱因斯坦的方程是$E=mc^2$), 我们在此考虑的只是辐射转变成了粒子, 并且在相同的基础上粒子转变成了辐射。

反电子(正电子)的发现提出了一个问题, 是否也同样存在着一种反质子具有的质量和质子相同，只是携带着一个负电荷。由于1个质子要比1个电子重1840倍左右，所以质子–反质子对的生成需要上十亿电子伏特的能量，而不是上百万电子伏特了。有了这个概念，原子能委员会便花费了成正比数量的美元制造了这个加速装置，需要它为轰击原子核提供足够多的能量。几年之后，两台巨大的加速器在美国建成了，伯克利加利福尼亚大学放射实验室的质子加速器以及纽约长岛布鲁克黑文国家实验室的质子同步加速器。之后不久，类似的加速器也在欧洲瑞士日内瓦附近的欧洲核子研究委员会建成，位于莫斯科附近成。这是一场激烈的竞争，而最终的胜利是加利福尼亚人。1955年10月，埃米利奥·塞格雷和他的同事，宣布，他们从轰击目标的放射物中检测到了带负电的质子。接下来，他们又发现了反中子，就是与普通中子碰撞会湮灭的粒子。我们在本书的后面会看到，最近发现的其他所有粒子（各种介子和重核子）都具有它们的反粒子。

因此，尽管狄拉克在他最初将质子解释成反电子的尝试中失败了，但他却打开了一个反粒子物理学的宽阔领域。

关于反粒子有两个谜题。组成我们地球的原子是由带负电的电子，带正电的质子和不带电的中子组成的。根据天文学研究成果，整个行星系统和太阳本身也是如此。事实上，从太阳发射并进入到地球大气的质子是带正电的质子，而电子是（普通的）带负电的电子。接下来的论点不确定性会更高一些，不过，它也有可能是真的。这个论点就是：银河中所有恒星和星际物质也是由普通物质组成的。因为若非如此，我们就会观测到从银河系所有不同部分放射的强烈γ-射线辐射。但是距离我们银河系几百万光年之外的数十亿个其他星系又如何呢？我们的宇宙不平衡吗？全部都是由"普通"物质组成的，还是它是两种星系的集合，其中一半是由"普通"物质组成，而另一半是由"反物质"组成的？这些我们并不知晓，而且看起来并没有什么办法能找到答案。

另一个谜题是，在我们现代加速装置中大量产生的反粒子到底具有正引力质量还是负引力质量呢？第一感觉是这个问题可能通过简单的直接实验找到答案。只需在高能粒子加速器中产生1束反质子，使它通过1根水平的真空管，然后观察在地球万有引力作用下，它会不会向下弯曲，就像水平投掷一块石头下落的抛物线一样。如果后者它具有负引力质量，那么反粒子就会被地球的质量所排斥。但是问题在于：我们实验室中产生的反粒子几乎是与光速相等的速度运动（3×10^{10}cm/秒）。因此，不妨假设真空管是3km（3×10^5cm）长，那么反粒子就会在10^{-5}秒的时间段内通过管道。根据自由落体定律，它们向下的位移（或者对于负引力质量的情况是向上的位移）是$\frac{1}{2}gt_2$ cm，其中g大约等于10^3cm/s^2。如果t=10^{-5}s，那么竖直方向的位移将在$10^3 \times 10^{-10}=10^{-7}$cm的数量级上，相当于原子的直径！很明显，并没有实验装置能检测出光束这么小的偏移量。为了进行这个实验，我们可以试着将反粒子的速度降至更合适的数值，比如几厘米每秒，这样向下或向上的偏转就容易观测了。但是怎样才能做到这一点呢？在原子堆中，我们通过将中子通过各种"慢化剂"（碳或重水）使其减速，因为在慢化剂中，中子与其他原子撞击会逐渐损失自己的能量。但是我们不能对反粒子的情况使用同样的办法，因为通过任何由普通物质组成的慢化剂，反粒子会在首次撞击时就被湮灭。因此，这一问题一直没有得到解答。

最后，可能需要提一下，对于反粒子负引力质量的证明在各种宇宙哲学问题的解答中都很有用。如果在宇宙空间中均匀地生成了普通粒子和反粒子，那么，同种粒子间的万有引力吸引以及不同种粒子间假想的万有引力排斥，将会导致彼此相互分离。于是就会形成空间中大片区域只有普通物质聚集在一起，而空间中另外的部分由反物质完全填充了。这种分离会满足我们概念中自然界的对称性。但是我们并不知道是否真的是这样，我们也不知道以后会不会得到答案。

第七章　E·费米和粒子转换

古老的年代,任何物理学家既能处理他科学研究中的实验部分又能处理理论部分。艾萨克·牛顿就是一个杰出的例子,他是万有引力理论的创始人(并且为了提出这个理论发明了一个数学学科,就是现在的"微积分")。他还进行了重要的实验研究,证明白光是由各种颜色光谱叠加而成的,并且牛顿也是第一个制造反射式望远镜的人。但是随着物理学领域的逐渐扩大,实验技巧和数学方法都变得越来越复杂,对于任何一个人来说,都很难去掌控。于是物理专业分裂成两个分支:"实验物理学家"和"理论物理学家"。伟大的"理论物理学家"阿尔伯特·爱因斯坦从未亲手做过一个实验(至少在作者的认知中)。而伟大的实验物理学家卢瑟福的数学很不好,卢瑟福著名的α-粒子散射公式是由一位年轻数学家R·H·福勒帮他推导出来的。今天,就像一个不成文的规定,"理论物理学家"从不敢碰实验仪器,害怕把它们弄坏(见第三章的泡利效应),与此同时,"实验物理学家"也迷失在了数学计算的湍流之中。

1901年,恩里科·费米出生在罗马,他是杰出的理论和实验物理学家兼于一身的罕见例子。他对理论物理的一个重要贡献是对退化电子气的研究,在金属的电子理论以及对白矮星这种超高密度恒星的理解上都有重要的结论。另一个重要贡献就是推导出了粒子转换,包括泡利之前提出的神秘不带电而且没有质量的粒子释放的数学理论。

费米是一个身强力壮的罗马男孩,并且很有幽默感。当他仍在罗马大学做教授时,墨索里尼赐予了他一个头衔:"阁下"(意大利语意为"卓越")。一次,他需要参加威尼斯宫举办的科学院会议,这次会议被严格把守,因为墨索里尼本人也在这个地方。所有其他的与会成员都乘坐身穿制服的司机开着的大型进口豪华轿车,而费米开着他的小菲亚特出现了。在威尼斯宫的大门前,他被两位卡宾枪手拦截住了,他们把武器举到费米的小车前询问他的来意。根据他跟本书作者所描述的,他犹豫了要不要告诉警卫'我就是恩里科·费米阁下',因为他担心警卫员不会相信他。因此,为了避免尴尬,他说:"我是恩里科·费米阁下的司机。""好吧! 好吧!"警卫说,"把车开进去,停好车,等待你的主人!"

虽然,最初泡利提出了"在β-转变中伴随着电子释放不带电而且无质量的粒子"的想法,但是费米是第一个推导出伴随着泡利粒子释放的β-放射的严格数学理论的人,并且他证明了这个理论与所观测到的实验现象完全吻合。同样,也是他给这种粒子取了现在的名字,"中微子"。问题在于,泡利把他的这个"得意门生"叫做"中子",这是完全没有问题的。今天来讲,我们所谓的"中子"(即不带电的质子)在那个时候还没有被发现。但是,这个名字原来只是在私下的对话和信件中使用,从未公开发表过,所以并没有"版权"。1932年,当詹姆斯·查德威克证明了不带电的粒子是存在的,而且它的质量接近等于质子质量,他就在自己的论文中,将它叫做"中子",并发表在《伦敦皇家学会学报》上。当费米还在罗马做教授时,他在每周"物理学研讨会"上发布了查德威克的发现,当时听众中有一个人问他:"'查德威克的中子'和'泡利的中子'是不是同一个?""不是,"费米说(自然是用意大利语回答),"查德威克的中子大而重,泡利的中子小而轻,必须称为"中微子"。[1]

1.意大利语中,"中微子"是小型的中子。换句话说,是"小中子"。费米的回答意思为:"不是,查德威克的中子又大又重,泡利的中子又小又轻,它们必须被称为'中微子'。"——作者注

做完这个语言学上的贡献之后,费米开始推导β-转换的数学理论,在这个过程中,不稳定原子核同时会释放出1个(带正电或负电的)电子和1个中微子,它们之间随机分配着可分配的能量。费米将自己的理论建立在谱线上,类似于原子释放出光的理论一样,1个激发态的电子跃迁到了较低的能级上,在这个过程中用1个光量子的形式将多余的能量释放出来。不连续变换之前,电子的运动被描述为较大范围内分布的波动方程。变换之后,电子的波动方程收缩到了较小的尺寸,并释放出了能量,形成了在周围空间散开的离散的电磁波。产生这次变换的力是我们所熟悉的作用在电磁场和点电荷之间的力。因此,它们的效果可以在已有理论的基础上,被轻易地计算得到。结果发现,计算得到的电子转换的可能性与观测到谱线的强度完全吻合。

　　在β-衰变理论中,费米其实面临着一个复杂得多的情况。在这一情形中,原子核内具有一定能量状态的中子转变成了质子,因此,改变了它的带电量。同时,这次并不是单个光量子的释放,而是两个粒子(1个电子和1个中微子)同时被释放出来。

产生β-转换的力

　　然而,最主要的问题在于,发光的情况中对过程产生控制的力是我们所熟悉的电磁力,而β-转换中产生作用的力完全未知,费米只能对它的本质进行了一个猜测。就像天才的典型做法一样,他决定选择最简单的可能假设——中子转变成质子(或质子转变成中子)的可能性导致了一个电子(带正电或带负电)和一个中微子[1]的形成。简单地说,

---

1.我们在此将不区分"中微子"和"反中微子"。——作者注

正比于原子核内部任意给定位置对应的4个波动方程强度的乘积。这个正比例系数,费米用字母g代替,只能通过对比试验数据得到。如果他的简单相互作用的假设是正确的,利用十分复杂的数学,费米便可计算出β-能量谱应有的形状以及反应中的能量大小如何决定β-衰变的速率。结果与观测到的曲线绝妙的一致。

费米β-衰变理论的唯一缺陷就是常量g(3×10^{-14},没有物理量纲[1])的数值不能从理论中得出,只能从观测数据中直接得到。g的数值极小产生的结果就是,相比于原子核,会在10^{-11}秒内释放出一个γ-量子,而电子-中微子的释放过程可能会花去几小时,几个月,甚至几年的时间。这就是为什么在现代物理学中所有粒子变换都被称为"弱相互作用"。未来物理学的一个任务就是解释包含中微子放射和吸收过程中的这些极弱的相互作用。

利用费米相互作用理论

类比于β-衰变过程[2]:

$$n \rightarrow p + \bar{e} + v + 能量$$

以及

$$p + 能量 \rightarrow n + \overset{+}{e} + v$$

是其他同样遵循费米相互作用定律的过程。其中一个是原子中

---

1. $\frac{|m c^2|}{\sqrt{2\pi h^3}}$,其中m是电子质量,c是光速,h是量子常数。——作者注

2. 从能量方面考虑,第一个过程发生在自由中子以及内聚在原子核中的中子的情况下,而第二个过程只发生在复杂的原子核内,这种情况下,可以从其他核子中获得额外的能量供应。——作者注

的电子被原子核吸收，就像正β–衰变一样不稳定。与释放1个正电子和1个中微子不同的是，根据下面的式子，原子核会从自己的电子层中吸收1个负电子，并释放1个中微子：

$$_Z(nucl.)^A + \bar{e} \rightarrow _{Z-1}(Nucl.)^A + v + 能量$$

由于这个过程中被原子核吸收的原子中的电子是K层（距离原子核最近的电子层）中的1个电子，所以它通常被称作"K–俘获"。这一过程最简单的例子就是铍的不稳定同位素Be^7，它的变换也遵从下列公式[1]：

$$_4Be^7 \rightarrow _3Li^7 + \overset{+}{e} + v + 能量$$

或者

$$_4Be^7 + (\bar{e})_{K-层} \rightarrow _3Li^7 + v + 能量$$

在后一种情况中，云室照片显示只有1条单一痕迹（是$_3Li^7$的轨迹），与H·G·威尔斯在他著名的故事《看不见的人》里所描述的类似，故事描写了一位英国的巡警被人从后面踢了屁股，而当他转过身的时候却根本看不到是谁踢了他。对于K–俘获过程的实验研究表明，它们发生的频率与费米理论预测出的结果完全一致。

同一类型的另一个有趣的过程是H–H反应（氢–氢反应），首先由查尔斯·克里奇菲尔德提出，这是使我们的太阳和其他微弱的恒星上有能量产生的反应[2]。在两个碰撞的质子亲密接触很短的时间间隔内，其中的1个质子释放了1个正电子和1个中微子而变成了1个中子，形成了氘（重氢）的原子核，反应方程为：

1.其中左下角的脚标是原子序数，而右上角的脚标是原子质量。——作者注
2.在更闪耀的恒星上，比如说"天狼星"，主要的产能反应被称为"碳循环"，由C·冯·魏茨泽克和H·贝特分别独立提出。——作者注

$$_1p^1 + {_1}p^1 \rightarrow {_1}d^2 + \overset{+}{e} + v + 能量$$

基于费米的理论，发生这一过程的概率可以被准确的预测出来。

最后一个要提到的有关费米的例子也很重要，F·莱茵斯和C·柯温通过这个相互作用的过程直接证明了中微子的存在。这个反应过程是：

$$_1p^1 + v + 能量 \rightarrow {_0}n^1 + \overset{+}{e}$$

莱茵斯和柯温在萨瓦纳河原子能项目中，在设置成类似于一个"原子堆"的室内发现了它。在大量中微子的轰击下，室内同时形成了中子和正电子，人们所观测到的数量恰好和费米理论预测的结果相等。由于相互作用太微弱了，以至于为了吸收释放出的一半中微子，我们需要使用几光年厚的液氢屏障！最近这些年来，对于有中微子参与过程的费米理论，也同样应用在了新发现的许多基本粒子衰变的情况中，今天我们会说这是"广义的费米相互作用"。

费米在核反应中做的研究

与他的理论研究一起，费米还参与到重元素被缓慢中子轰击形成铀后元素（z>92）核反应的大量实验研究当中，并由于这项工作，他获得了1938年的诺贝尔奖。在他搬到美国居住后不久，出席了乔治华盛顿大学在1939年举办的会议，会议上尼尔斯·玻尔朗读了一封来自丽斯·迈特纳的电报，丽斯·迈特纳是一位知名的德国物理学家（他当时住在斯德哥尔摩）有一个十分令人振奋的消息。她告诉玻尔，她的前任合作者——柏林大学的奥托·哈恩和弗里茨·斯特拉斯曼发现：被1个中子撞击的铀原子核分裂成了大致相等的两部分,并释放出大量的能量。这个宣布是一系列事件的开始,没过多少年,便达到了巅峰,进而产生了原子弹、核电站等等,这预示着现在我们常说的"原子时代"的开端("核时代"则更为妥当)。

费米领导了芝加哥大学的最高机密实验室,并于1942年的12月2日宣布,在这一天的下午,铀的链式首次反应成功,从此开启了人类控制下核能释放的开端。

由于本书致力于讲述人类理解自然界事物的过程,并非讲解对于理论的实际应用,所以,我们会跳过一些对于裂变链式反应的讨论,并用费米在新发明的裂变反应堆中做了一个有趣的实验来结束本章内容。测量中子的平均寿命第一次变成了可能,中子最终会衰变成1个质子、1个电子以及1个中微子。这个实验中采用的装置被称为"费米瓶",虽然,实际上它是一个真空的球形容器,多少有点像没有脖子的基安蒂葡萄酒瓶。如图29所示,这个球体被放置在原子堆内部,并在原子堆进行反应的过程中,会持续待在里面很长一段时间。在原子堆中交叉往来的大量裂变中子,它们大多数情况下会进入"费米瓶"中并留在里面或者可以不费吹灰之力就通过了瓶壁离开"费米瓶"。不过,有的时候,当"瓶子"壁无法穿透的时候,进入"瓶子"的中子会分裂成1个质子和1个电子。于是,在"瓶子"中逐渐聚集起普通的氢气,而氢气聚集的速率取决于中子通过瓶壁时分裂的几率。给定的一段时间之后,通过测量"瓶子"中聚集的氢气量,我们便可以简单地估断出中子的平均寿命,而这个平均寿命在14分钟左右。

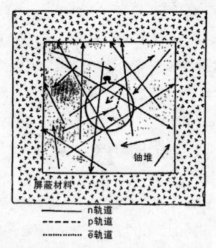

图29. 铀堆中的费米瓶, 这样的设计用于测量中子的平均寿命。

    想要了解费米在这些方向更多内容的读者可以到《原子在我家中》这本书中寻找答案, 这本书是费米去世后, 他的妻子劳拉撰写的。

第八章 H·汤川和介子

费米β-衰变理论的巨大成功在于他提出了一个问题，就是这一理论能否用于解释将核子聚集在一起的引力。当时人们知道，两个核子之间的力——无论是2个中子，1个中子和1个质子，还是2个质子——都是相同的，除了最后一种情况中还需要考虑质子电荷间产生的普通库伦斥力。实验表明，随着距离的增加下降速度明显变缓的库伦力（按照$1/r^2$的关系），不同于核力的是，它更类似于经典物理中的内聚力。就像两片透明胶带，无论它们距离多近都不会给对方力的作用，但是只要它们一接触就会紧紧地粘到一起，核子它们之间的力也是在"碰到对方"的时候，瞬间会产生力，产生时的间距大约为10^{-18}cm。力一旦产生，就大约需要10^6电子伏特的能量才能再将它们分开。作用在原子间类似的力是由于原子层瞬间接触后，产生了电子的交换。1927年，W·海特勒核F·伦敦给出了这些"交换力"的波动力学方程，他们表示这个问题在两个氢原子形成双原子分子的简单情形下，都可以恰好被解答出来。海特勒和伦敦考虑了两种情况：（1）1个氢分子的离子，H_2+，由2个质子和1个电子组成；（2）1个中性的氢分子，H_2，由2个质子和2个电子组成（图30a和图30b）。

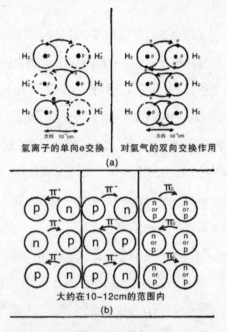

图30. 交换力。

（a）海特勒和伦敦的理论，关于将电离化和中性的氢分子中两个质子聚集在一起的力。

（b）3种不同的可能性，对介子（π^+, π^-, π^0）的交换产生核力的解释。

　　两种情况下，描述电子运动的薛定谔波动方程都恰好可以求解出来。分析结果表明，两个核子相距确切的R和R¹距离时，分别具有一个最低能量的平衡状态。对这两个平衡态的能量进行计算，结果与将H_2^+分子和H_2分子分解测量的能量完全吻合。因此，两个相同原子间的交换力概念在量子化学的领域中被确立起来。

　　接下来唯一自然的假设就是：应当基于相似的原理去理解两个核

1.双原子分子就是一个分子中有两个原子。——作者注子间的引力。当两个核子距离很近时，1个电子伴随着1个中微子将会在二者之间来回跳跃，于是产生了相互吸引的交换力。这是一个很好的想法，但是（唉！可惜了……）它并没有成功。1934年，当D·伊万年科和I·塔姆计算出了费米相互作用中两个核子的交换力之后，他们发现预期的结合能在10^{-8}电子伏特的数量级！不，这不是一个印刷错误。$1/10^{8}$的电子伏特，而不是$1/10^{7}$的电子伏特，少了15个0！很显然，费米的"弱"相互作用不是在原子核内质子和中子强力结合在一起的原因。

1年之后（1935年），一位日本物理学家汤川秀树，提出了一个解释核子间强相互作用的革命性想法。如果这些相互作用不能被解释为电子–中微子对往返跳跃产生的交换力，那么，一定存在一个全新又仍未被发现的粒子完成之间的跳跃。为了得到实验验证中给出所需的力，这个粒子一定比电子重200倍左右（或比质子轻10倍左右）。并且，用汤川的相互作用常数y描述它与核子之间的相互作用，一定比β–变换特征的费米相互作用常数g大10^{14}倍左右，因此，它可以与电荷间通常的库伦力相较。这种假设存在的粒子具有许多别称："汤川子（Yukon）"，"日本电子"，"重电子"，"介子"（mesotron），最后才是现在的"介子"（meson）[1]。在汤川的猜想提出的两年之后，加州理工大学的C·安德森和S·尼德迈尔在宇宙射线中发现了这一粒子，质量是电子的207倍，他们似乎对汤川的假设给出了精彩的验证。但是，接下来遇到了一个暂时

1.根据本书作者《从伽利略到爱因斯坦》一书，mesotron到meson有一个典故。介子（mesotron）这个名字从希腊词汇mesos（$\mu\acute{\varepsilon}\sigma o\varsigma$）而来，意思是"在中间的"。但是维尔纳·海森伯格的父亲是一位古典语言的教授，他提出异议认为"tr"不应当出现在这个名字中。确实，"电子"（electron）这个名字是从希腊词汇electra（意思是"琥珀"）而来的，而希腊单词mesos确实不包含"tr"。而法国物理学家不希望新粒子的名字和法语词汇maison（意为"家"）相混淆，所以在他们的抗议下，汤川粒子的名字最终被确定为"介子"（meson）。——译者注

的瓶颈。由M·康瓦利，E·潘西尼和O·皮奇奥尼进行的实验毫无疑问地证明了，尽管这个新粒子具有汤川假设的介子的质量，但是它们与核子的相互作用比解释核力所需的强度少10^{12}倍。直到1947年，英国物理学家C·F·鲍威尔才通过在上层大气放置照相底片发现海平面的介子（电子质量的207倍）实际上是更重的介子（电子质量的264倍）衰变的产物，而较重的介子是宇宙射线照射在大气层的上边缘处形成的。因此，存在着两种介子：较重的介子和较轻的介子。前者被称为"π-介子（π-meson）"或是简称为"派子（pion）"，而后者取名为"μ-介子"或是简称为"渺子（muon）"。"π介子"与核子间显示出非常强的相互作用，毫无疑问，它们就是由汤川首先感知到并认为其产生核力的粒子。然而，对于这些过程还没有确切的理论（相对来讲，比如还没有像反粒子的狄拉克理论产生）。

第九章 人类仍在努力

读者会注意到，本书的章节变短了。这不是因为作者写到这里变得疲惫，而是因为量子理论在前30年发展得辉煌无比，在此之后遇到了难以解决的困难，它现在进展的速度大幅度地降低了。这30年最后一个"完成的章节"是狄拉克将波动力学和狭义相对论的统一，统一的结果产生了优美的反粒子理论。人们从实验中陆续发现反粒子之后，反粒子的行为被证明和理论预测的完全一致。

　　费米关于电子–中微子释放和吸收过程的理论当中，如果把这个理论应用到更复杂的过程，就会变得有些模糊，比如说应用到μ-介子衰变成1个电子和2个中微子的情况。并且，费米常量g的数值还是不能从自然中的其他基本常数数值推导出来。（类似的情况还有，原来光谱学当中的里德伯常数R一直是一个经验常数，直到玻尔发表了他的氢原子理论，才给出了这一常数的理论值。）

　　在汤川的基本粒子之间强相互作用理论中也存在着相似的困难，对常数y的值仍没有一个解释。实验研究接连发现了大量的新现象，并且通过引入了诸如"奇偶性"、"奇异性"等新概念进而制定了大量的经验法则。总体来说，在很多方面，今天的情形很像上世纪末的光学和化学，当时人们从经验上很容易了解谱系的规律和不同元素价电子的化学性质，但是却不能从理论的角度来理解它们。而当原子结构的量子理论被提出之后，事情突然开始向好的方向转变，这一理论将科学家们费尽心思收集起来的经验现象全部照亮了。作者认为，现在基本粒子理论的不景气状态一定会被打破——也许就在下一年，也可能是公元2000年——会出现与目前思路完全不同的新思想，就像现在的思想也与经典的思想有所不同一样，下一个革命性变革就会有多大。我们没有女巫的水晶球，无法预测理论物理学未来的发展，但是我们有一个水晶球的替代品，即可以使用"量纲分析"的规律。每个人都知道物理学测量全部都是基于3个基本单位：

长度（视距、英里、里格[1]、米……）

时间（年、天、毫秒……）

质量（英石[2]、磅、德拉克马[3]、克……）

所有物理量都能通过这3个量表示出来，这就是所谓的"量纲公式"。比如说，速度（V）是每单位时间走过的长度（或距离）；密度（ρ）是每单位体积（即，长度的3次方）的质量；能量（E）是质量乘以速度的平方等等。我们将它们写作：

$$|V| = \frac{|L|}{|T|} ; |\rho| = \frac{|M|}{|L|^3} ; |E| = |M| \cdot \frac{|L|^2}{|T|}$$

其中，两边的竖线表示上述并不是数值上的关系，而是物理量所蕴含的物理本质上的联系。我们使用的是何种具体的单位都无所谓，我们可以写：

|\$|=|£|=|马克|=|法郎|=|卢布|=……

或是

|码|=|英尺|=|米|=|阿尔伸[4]|=|光年|=……

长度、时间和质量（不准确地说，"重量"）是在赋予人性的基础上，也就是从我们人类每天在日常生活中遇到的概念的基础上，从经典

1.league，约等于3英里。——译者注

2.stone，1英石等于14磅。——译者注

3.drachm，古希腊的1德拉克马约重4.37克。——译者注

4.旧俄长度单位，等于71.12cm。——译者注

物理中选择出来的。(我们常说,"还有5英里远","我1个小时以后回来","给我拿3磅牛小腿肉"。)不过,这些特定单位的选择并不是必须的,任意3个复杂的单位,无论是电流强度(安培)、发动机的功率(马力)还是光的亮度(标准烛光),都能被用作基本单位,只要它们3个之间相互独立即可。然而,为了给所有的物理现象建立一致的理论,3个基本单位每个都必须得覆盖物理学的一大块领域,并且可以通过这3个基本单位表示所有其他的单位,这样的选择才合理。那么,应当选择哪些单位作为这3人组的成员呢?

毫无疑问,其中之一应当是真空中的光速(c),它覆盖了整个电动力学领域以及相对论领域。事实上,当我们假设光以无穷的速度(c=∞)传播,整个爱因斯坦的理论便简化成了艾萨克·牛顿的经典力学。

这通用的"3人组"中另一位成员当然得是量子常数(h),它控制了所有的原子现象。如果假设h=0,于是我们再一次回到了牛顿力学。狄拉克的重要贡献就是他成功地将相对论和量子理论统一起来,并且在他的方程中,c和h具有同等重要的位置。

那么,使理论物理的体系变得完整所需要的第3个通用常数是什么呢?可能的8月份候选人之一当然是牛顿的万有引力常数。但是进一步地考虑似乎表明,这一常数并不是十分适合与另外两个常数结合来解释原子现象和核现象。在天文学解释行星、恒星和星系的运动中,万有引力就十分重要。但是在我们人类量级的世界中,物质体之间的万有引力小到可以被忽略不计。也就是说,如果我们看到桌子上相距几英寸的苹果在牛顿引力的作用下向对方滚动,一定会感到很吃惊。在原子和原子核的世界中,只有极其敏感的仪器才能允许我们测量到两个通常大小物体之间的万有引力[1]，万有引力就很不明显了，狄拉克曾经提到，牛顿的"万有引力常数"其实并不是一个常数，而是一个变量，它随着宇宙年龄的增长而成反比例减小。他很可能就是对的！

那么，接下来该如何？哪个通用常量会占据这第3个位置？我们不妨从古希腊哲学家的观点开始思索，是他们首次产生了原子的概念，就是物质的最小数量。在伯特兰·罗素的《物的分析》一书中[2]，他写道：

正如亨利·庞加莱有一次提出并且毕达哥拉斯明显相信，我们可以假设：空间和时间是颗粒状的，并不是连续的即，两个粒子之间的距离可能总是某种单位的乘积的整数倍，并且两个事件之间的时间也是如此。认知中是连续的并不能证明在物理过程中就是连续的。

在《量子理论的物理原理》一书中[3]，维尔纳·海森堡写道：

尽管原则上来说，通过精密的测量仪器，也许无限的减小空间和时间间隔是可能的，然而，对波动力学概念进行的主要讨论中，测量中涉及的空间和时间间隔采用有限的数值，并且只在计算结束时，使这些间隔到达0的极限位置（$\Delta x \to 0$，$\Delta t \to 0$）对问题的分析是有利的。量子理论未来的发展中可能将会指出，对于空间和时间间隔的这个极限0，它实际上并没有物理实际意义。不过，目前为止看上去，没有利用任何极限的理由。

但是，6年之后，海森堡对于这段文字最后一行的内容改变了主

1.见《重力》，作者G·伽莫夫，发表于1962年的同一系列。——作者注
2.纽约：多佛出版社（1954年），第235页。——作者注
3.芝加哥：芝加哥大学出版社（1930年），第48页。——作者注

意,他认为量子理论各个领域中出现的"发散"情况可能通过引入一个量级在10^{-13}cm的基本长度而得以解决。

"发散"是什么意思呢? 在数学上, 这是一个关于"无穷级数"的术语, "无穷级数"就是无穷多个数字序列被加到一块。比如, 我们可以写出这样一个无穷级数:

$$1+2+3+4+5+\cdots\cdots$$

很明显, 求和的结果是无穷大。那这个无穷级数又如何呢?

$$1+\frac{1}{2}+\frac{1}{3}+\frac{1}{4}+\frac{1}{5}+\cdots\cdots$$

可以证明这个和也是无穷大, 或者用数学家的说法是发散的。另一方面, 数列:

$$1+\frac{1}{1}+\frac{1}{2!}+\frac{1}{3!}+\frac{1}{4!}+\frac{1}{5!}+\cdots\cdots$$

是收敛的(其中n! 的概念是从1到n所有整数的乘积), 这个级数的值等于2.3026……。类似的, 级数:

$$1-\frac{1}{3!}+\frac{1}{5!}-\frac{1}{7!}+\cdots\cdots$$

也收敛, 收敛到数字0。

理论物理的计算结果通常以无穷级数的数列形式表示。如果像大部分情况一样, 级数是收敛的, 那么我们就会得到一个确切的结果, 并且对我们试图计算的物理量可以给出一个确切的数值。但是如果级数是发散的, 那么就会导致所计算的物理量趋于无穷大, 于是, 结果就没有了意义。对于这种发散情况, 一个早期的例子是关于电子质量的问题。如果我们把电子当作一个微小的带电球体, 带电量为$e=4.80\times10^{-10}$个静电单位, 并且半径为r_0, 那么经典静电力学告诉我们, 它周围电场的能量等于$\frac{1}{2}\frac{e^2}{r_0}$。根据爱因斯坦的质能守恒定律，这部分电场的质量为$\frac{1}{2}\frac{e^2}{r_0c^2}$。由于电场质量不会超过观测到的一个电子的质量$m_0$（$=0.9\times10^{-27}$克），所以有：

$$\frac{e^2}{2r_0c^2} \le m_0$$

或者

$$r_o \ge \frac{e^2}{2m_oc^2} = 2.82 \times 10^{13}\ cm$$

但是，如果我们假设电子是一个点电荷（$r_0=0$），那么电子周围环绕的电场质量就变成了无穷大！而另一方面，我们有许多合理的理论考虑应当把电子假设成一个点电荷。在粒子物理学进一步发展的过程当中，就产生了大量类似的矛盾，人们总是被引导至一个发散（无穷大）的结果，除非把直接计算中产生的"无穷级数"在某个位置切断，才避免了无穷大，然而却并没有充足的理由这么做。泡利幽默地将这个方向的工作叫做"截断物理学"（德语Die Abschneidung-sphysik）。

截断的位置有一个特点，它总是取在10^{-18}cm数量级上。之后的几年中，实验中测量核子间力的作用范围有了足够的精度，结果是2.8×10^{-13}cm左右。即，与所谓的"电子的经典半径"完全一致。理论计算是建立在以下这个假设的基础上：在电子质量对应的能量完全由电子周围静电场产生，通过理论计算得到了这个电子的经典半径。有一点变得越来越明显，就是在物理学的基本原理中，距离存在最低的一个极限，比如毕达哥拉斯、亨利·庞加莱、伯特兰·罗素以及其他人预期的基本长度λ。就像不可能有速度超过光速c一样，不可能有机械泛函值小于基本泛函h，不可能有距离小于基本距离λ，不可能有时间间隔小于基本间隔λ/c。当我们知道如何将λ（和λ/c）引入理论物理的基本方程时,我们就可以骄傲地说:"现在我们终于理解物质和能量是如何运作的了!"

　　但是,本世纪初30多年以后,我们现在进入到贫瘠又不结果实的年份,期待着后面的年份中运气会好些。尽管过去时代中的人,比如泡利、海森堡等等以及年轻一代的物理学家,比如费因曼、薛定谔、格尔曼等等,他们都做出了许许多多的努力,但是理论物理和再前面的30年相比,最近的30年中却进展得很少。在泡利写给本书作者的信中讲了一个故事,很好地描述了这一时期的特点,他和海森堡当时试图对各种基本粒子的质量给出了解释,那个时期基本粒子就像繁衍能力很强的兔子一样增加地很快。下面是从这封信中摘录的文字,这封信的大部分内容是关于基本生物学的问题(在本文中省略):

图31. 一封来自泡利的信

这封信写后又过了7年，关于基本粒子问题的文章发表了上百篇，但是，在这个课题上我们仍处于黑暗和不确定当中。让我们期待接下来的10年、20年或者至少在21世纪开始之前，现在理论物理所处的荒年会结束，并且会有一个全新的革命性思想——就像通报了20世纪开端来临的两个革命性思想一样——爆发出来。

不莱格达姆斯维奇的浮士德

手稿改编自:J·W·冯·歌德

出品人:哥本哈根"理论物理研究所"的特别小组

座右铭:

我们不要批评……

N·玻尔

前言摘要

　　本世纪的前几十年见证了原子量子理论的迅猛发展, 而且这个时代中, 各个国家的理论物理学大道条条通往哥本哈根, 而不是通罗马了, 因为哥本哈根是尼尔斯·玻尔的家乡, 他是第一个正确建立原子模型的。每年在布莱格达姆斯维奇@（注释: Blegdamsvej, 读作 "bli-dams-vi"。）15号（玻尔理论物理研究所当时所在的街道）举行的春季会议结束的时候, 搞点物理学最新进展的噱头已经成为了习俗。1932年的会议正好赶上玻尔研究所的10周年纪念, 并且会议之后不久, 英国物理学家詹姆斯·查德威克发现了一个新粒子, 它的质量和质子相同却不具有任何带电量。查德威克将它叫做"中子", 现在对核物理以及"原子物理"（"原子物理"这个名字有些欠妥当）感兴趣的任何人都会很熟悉"中子"这个名字。

　　不过, 这个词在术语上还是有些混淆。几年前, 沃尔夫冈·泡利为假想的没有质量不带电荷的粒子取了相同的名字, 他认为这种粒子能解释实验过程中所观察到的放射性β-衰变的能量不守恒问题。"泡利的中子"是物理学家之间激烈讨论的话题, 不过讨论仅限于口头对话或私下里的信件往来, 这个名字从来没有出现在任何出版物中"获得版权"。因此, 当查德威克发现了那个"重中子"并在1932年发表在《自然》杂志上的论文中。宣布这件事之后，泡利的"没有重量的中子"的名字就得改改了。恩里科·费米提议叫它"中微子"，意大利语的意思是一个"小中子"。于是原先文字中出现的泡利"中子"在后来的翻译中都改成了现在的"中微子"，而这个名字当时还没有出现过。许多物理学家，尤其是莱顿大学的保罗·厄伦费斯托，对于泡利假设的"中微子"的存在持有强烈的怀疑态度。直到1955年，洛斯阿拉莫斯科学实验室的弗雷德·莱茵斯和克洛伊得·考恩所做的实验才毫无疑义地证实了这种粒子的存在。

接下来的内容是一部剧的剧本，玻尔的几个学生自编自演并在1932年春季会议的舞台上表演出来。（本书作者没办法参与到这次表演中去，因为当时俄国政府拒绝给作者护照，作者也没办法参加此次哥本哈根会议。）这一年度大剧的主题就是泡利（靡菲斯特）试图让不相信他的厄伦费斯托（浮士德）相信没有质量的"中微子"（格雷琴）的存在。

《布莱格达姆斯维奇的浮士德》由芭芭拉·伽莫夫译成了英文，并作为这几十年物理学发展的动荡岁月的重要记录文档被复制到了这本书中。这部剧的作者和表演者除了J·W·冯·歌德这个名字之外，都不愿再透露其他名字。由于我们没能找到原始的作者（们）和艺术家，所以，我们建议出版商适当减免一些需要上缴的专利税，在公证下将这部分资金保留2~3年的时间，并期待这本书的发表能让我们找到这部剧的作者或者艺术家。如果还是失败了，那么，所有钱可以作为学院图书馆购买新书的款项。

感谢麦克斯·德尔布吕克在这部剧某些地方的解释上所提供的友好帮助。

G·G

这部物理学《浮士德》的德文剧本中,尽量模仿了歌德的韵律和格律(参见原本《浮士德》中比对的文字),但却不完全相同。这里也采用了某种诗的破格,结果英文版本就介于了通俗和韵律之间。不巧的是,《浮士德》原文中的一些台词在物理学《浮士德》的德语版中可以搬用,但到了英文版就不行了。而且,其中德语里的一些双关语有必要替换成英语试一下。德语版物理学《浮士德》中的一些散文段落变成了诗,在主持人的演讲中出现。这是为了让这部《浮士德》更适合在舞台上表演。

很好笑的是,整部剧演出时,演员们都有着身份上的困惑:格雷琴有时候被叫做格雷琴,有时候又被叫做中微子;浮士德有时候被叫做浮士德,有时候又被叫做厄伦费斯托。不过这只是让这部剧看起来更有趣而已,没有人会觉得有什么不好。

顺便提一下,如果这部剧要在舞台上表演,那么,让不同的小角色(无论饰演的是人类还是物理概念)戴上表明身份的符号看上去还是有必要的:"斯雷特"、"达尔文"、"磁单极"、"负号"等等,最好都标上,否则观众们就会陷入到困惑的绝望当中。

B·G

演职人员表[1]

天使长爱丁顿——A·爱丁顿, 英国天文学家

天使长琼斯——J·琼斯, 英国天文学家

天使长米尔恩——E·A·米尔恩, 英国天文学家。

靡菲斯特——W·泡利, 德国物理学家

上帝——尼尔斯·玻尔, 丹麦物理学家

一大群"天兵"——其他

浮士德——P·厄伦费斯托, 荷兰物理学家

格雷琴——中微子

奥本——R·奥本海默, 美国物理学家

大个子——R·C·托尔曼, 美国物理学家

艾瑞尔米利根——R·A·米利根, 美国物理学家

兰道(道)——L·兰道, 俄国物理学家

伽莫——G·伽莫夫, 俄国物理学家

斯雷特——J·C·斯雷特, 美国物理学家

狄拉克——P·A·M·狄拉克, 英国物理学家

达尔文——C·达尔文, 英国物理学家

1.本节目的主持人一职由德国物理学家麦克斯·德尔布吕克担任。

福勒——R·H·福勒，英国物理学家

四个神情抑郁的女子——规范不变性；

精细结构常数；

负能量；

奇异性；

友好的摄影师———一位友好的摄影师；

瓦格纳——J·哈德威克，英国物理学家；

神秘的合唱团——能唱的都算。

三位天使长、上帝、天兵们以及靡菲斯特

天使长爱丁顿：

> 众所周知，太阳命中注定；
>
> 就是多变的球体中闪耀的那个；[1]
>
> 早有安排，我的理论命中注定；
>
> 也终将被证实。
>
> 向（我们谁也不能理解的）
>
> 勒梅特宣布[2]致敬！
>
> 杰出的成果被创造，
>
> 在离奇而又伟大的早晨。

1.多变的球体是组成恒星的炽热气体球的数学模型。

2.阿贝·乔治·勒迈特，提出宇宙大爆炸理论的比利时天文学家。

天使长琼斯:

快速地公转着,

两颗星星飞着飞着开始发出光来,

巨大的闪耀过后,

被完全黑暗的日蚀所替代,

炽热的理想液体在旋转,

裂变成梨子的形状[1],

我的理论是正确的!

原子范数是不会变的。

天使长米尔恩:

风暴在竞争中打破了僵局,

(《通知月刊》也是!)[2]

它们燃起了斗志和野心,

有重要的消息将被报导。

在10的7次方的热浪中,

气体从火焰中产生,

以费米的名义[3],

自在地发光发热几个小时。

三个人一起:

目睹了这一切, 我们兴高采烈;

(虽然我们谁也不能理解)

1.……梨形。双星起源的琼斯理论。

2.《通知月报》是皇家天文学会的刊物, 其中发表的大部分是理论天文物理学的英国论文。

3.费米的退化电子气, 是某种类型恒星的内部组成(见第七章)。

杰出的成果发表,

在离奇又伟大的那一天。

靡菲斯特:

（旋转着前进）

哦, 上帝, 因为你现在觉得是时候关心一下我们了,

因为你现在知道我们每个人都是什么样了,

因为你好像还是喜欢我的,

那么, 你就看看奴隶当中（转向观众）的我吧!

对于恒星和宇宙, 我没有什么可说的,

我只是知道人们对它的每一句抱怨。

在我听来, 这个理论只有喧嚣与狂乱,

但是你听了还挺高兴,

明知是颤抖的泡沫, 还认为它可靠,

明知是麻烦还凑近了你的鼻子[1]。

上帝:

1.不确定关系 $\Delta q \cdot \Delta p$, 量子理论中特定的标志, 下文中会遇到。

罪恶之子啊，你只是为了些抱怨的废话，

就来打搅我们的狂欢吗？

现代物理对你的打击还不够大吗？

靡菲斯特：

不，上帝！物理学处于困境中，我是同情它的；

在寂寞的日子里，我会为它心痛；

我会为它悲伤；

我能不抱怨吗？——又有谁会相信我呢？

上帝：

你知道厄伦费斯托吗？……

靡菲斯特：

那个批评家？[1]

（厄伦费斯托的样子出现了）

上帝：

他是我的骑士！

1.批判家厄伦费斯托教授对于许多理论想法都持有批判态度，尤其是对泡利中微子
的假设十分不认同。

靡菲斯特:

> 好好好! 你的骑士, 奴隶和侍从。你要拿什么
>
> 打赌呢?
>
> 我警告你, 如果你让我诱惑这位骑士, 引导他误入歧途,
>
> 那么你还是会输的。

上帝:

> 哦, 那好可怕啊! 我只能说……
>
> 是的, 我不得不说[1]……经典概念中
>
> 存在着一个至关重要的错误———一个困境。
>
> 这是一面之词——不过要保密——
>
> 现在你准备对质量做些什么?

靡菲斯特:

> 对质量做什么? 为什么? 不要管质量!

上帝:

> 但是啊……但是怎么说呢? ……
>
> 只要你试试就会发现非-常-有-趣!

靡菲斯特:

> 哦! 胡言乱语! 你今天胡说些什么! 闭上嘴吧!

上帝:

> 但是……但是……但是……但是……

---

1. Jah, muss Ich sagen……玻尔实验室中使用的语言大部分是德语, 因为许多来访者都来自欧洲中部。玻尔的德语说的很好, 只是通常带有丹麦口音。他的一个口头禅是"muss Ich sagen"("我一定要说的是"), 而这句话正确的德语应该是, "darf Ich sagen"("我可否这么说")。因为在丹麦语中, "darf"就是"maa", 和德语的"muss"或是英文中的"must"很相近。

靡菲斯特:

这就是我的假设!

上帝:

但是泡利啊, 泡利! 泡利! 我们的观点基本上一致啊!

我们之间没有误会——我保证。

当然, 我很喜欢这个观点(Naturlich, Ich bin einig.), 我们把质量丢在一边。

但是电荷就不同啦——为什么电荷就能保留呢!

靡菲斯特:

你怎么这么变化无常! 我们为什么不能抛开电荷不管呢?

上帝:

我完全理解, 我可以问, 我的朋友。[1]

靡菲斯特:

你闭嘴!

上帝:

但是泡利啊, 我知道你最后一定会听我的, 对不对?

如果质量和电荷都收拾行李走了, 那么总的来说,

你还剩下什么呢?

靡菲斯特:

我的天! 这是最基本的啊! 你问我还剩下什么?

我还真就剩了, 中微子!

醒过来用用你的脑子吧!

(对话暂停, 两个人都来回地踱着步。)

---

1. "maa jeg spørge" 在丹麦语中是 "我可否一问" 的意思。

上帝:

> 我这么说不是想批评你,
>
> 只是单纯地想了解一下情况……[1]
>
> 不过, 现在我得走了。再见! 我还会回来的!
>
> (上帝离场)

靡菲斯特:

> 随着时间的推移, 每次见到我这位亲爱的老朋友都挺高兴,
>
> 我喜欢友善的对待他——以我友善的极限对待他。
>
> 这位神是迷人的, 这位神是高贵的, 对他不友好的话, 我多丢人
>
> 呢——
>
> 这位神也是想象中的! ——他能和泡利对话,你说他不就是个人
>
> 嘛!
>
> (退场)

---

1. "……不是批评什么。"这是玻尔的另一个常用表达,当他不同意某人的观点时,通常会这么说。

第一部分
浮士德的研究

浮士德:

唉! 我已经学习了价化学,

群论、电场理论,

还有1893年索沃斯·李,

发表的变换理论。

可我和我全部的所学都在这儿了,

我并不比无知的时候聪明。

我被学生们称呼为M·A·博士。

他们在这个可怜的假浮士德也就是笨拙小丑的带领下

努力啊努力!

他们在物理问题上绞尽了脑汁, 跟我一个样。

但是我还是比那些怪人,

大人物、猴子、江湖骗子要强一些。

所有的质疑都向我袭来, 每一个顾虑向我抛出;

我害怕泡利就像对恶魔本身的恐惧一样。

我像一名暴躁的小学生一样拿起了橡皮,

在神奇的X开头的东西消失之前, [1]

白纸黑字写下来的

应当就是正确并且是可以被接受的。

我亲爱的上帝(Du Lieber Gott!)! 我其实还是可以教书的嘛!

古斯和布莱特都不站在我这边, [2]

1.X开头的东西(德语的"Ixerei")是爱因斯坦发明的一个词, 通常用于代指含有许多复杂的数学计算却没有物理意义的论文(在学校的代数中"X"表示一个未知数)。
2.E·格里思(英文中他的名字有"美好的"意思)和G·布莱特(英文中他的名字是"宽广的"意思)。

我可以利用他们的能力进行庇护，

以便将受测试的福音传播得更好。

洪德（Hund）或是猎犬（hound）都不能忍受我的命运，[1]

我就是批评家，又悲哀又可鄙的批评家。

（魔鬼像闪电一样忽然出现，穿着的衣服和游走的推销员一样。）

怎么这么吵？

靡菲斯特：

我来为您服务，先生！

浮士德：

你把我当什么了？你的客户？

靡菲斯特：

您一直是善于接受且彬彬有礼的……

我跟您说，现如今这些理论好些都错了；

所以，我才想给您看一些高级的东西，

有了这个，您能撼动整个地球；

1.德国物理学家F·洪德（英文是"狗"的意思），他的名字经常出现在"像狗（洪德）一样努力"这个表达中。

"金牛犊之舞"——万花筒——

我的课题就是放射性理论。

（卡农，所有人都唱）

新生之犊——海森堡

    海森堡——泡利

        泡利——约尔当

            约尔当——魏格纳

                魏格纳——魏斯科普夫

                    魏斯科普夫——新生之犊

                        新生之犊——海森堡[1]（等等）

                            （等等）

靡菲斯特：

他们都属于我，

都是从我而生的。

鼓起勇气听听，饶有兴味的看看，

1.致力于放射性量子理论的德国物理学家。

这些人在宽广的波动领域提的建议,

是多么的早熟吧!

（主持人用肢体语言表示抗议,

不过靡菲斯特没理他, 又接着说）

看这晕开宽度的线条

它们在波动领域失去了意义。

浮士德:

够了! 你不会诱惑到我的, 我很满足。

我永远不会碰你的再版, 你放心!

靡菲斯特:

你这么说, 我们高兴。

（旁白）

（他说的有道理,

他是第一个我能同他讲道理的好人! ）

（展示他的货物）

靡菲斯特:

给你Ψ-Ψ要不要?[1]

浮士德:

不要!

靡菲斯特:

那Ψ-Ψ格拉赫呢?

1.Psi-Psi Stern（英文 "Psi-Psi star——$\Psi\Psi$星"）是量子物理中十分重要的物理量。在这里它指代著名的实验物理学家奥托·斯特恩和W·格拉克。

浮士德:

> 不要!

靡菲斯特:

> 电动力学?

浮士德:

> 不要!

靡菲斯特:

> 海森堡–泡利提出怎样?

浮士德:

> 不要!

靡菲斯特:

> 具有无穷无尽的自身能量如何?

浮士德:

> 不要!

靡菲斯特:

> 电动力学?

浮士德:

> 不要!

靡菲斯特：

让狄拉克提出怎样？

浮士德：

不要！

靡菲斯特：

具有无穷无尽的自身能量如何？

浮士德：

我还是这句话！

靡菲斯特：

那么我只能给你展示些不一样的东西了！

浮士德：

你是不会诱惑到我的，虽然你说的很好。

如果这是一个套路的话，就是这样进行的：

"你好美啊！"然后说"留下吧！啊，你留下吧！"

之后，你就把我捆起来，跟我说拜拜——

我就只能愿意为你卑躬屈膝，最后就死了。

靡菲斯特:

只有原因或是只有科学的时候要当心,

人类最高的权柄, 在联盟中属邪恶。

通过炫目的巫术, 你让你自己向

量子领域所有的引诱都屈服。

听啊! 现在障碍在消除,

你命中注定会认识那美丽的中微子的!

格雷琴:

(上台, 对浮士德唱歌。

曲目为《纺车旁的格雷琴》, 作曲舒伯特)

我的质量为零,

我的电荷也是零,

你是我的王子,

我叫做中微子。

命中注定我会出现在你的生命里,

我是你的答案。

大门紧锁着，

我是你的钥匙。

蜂拥而至的β–射线[1]

需要我去匹配。

如果我不出现，

N–自旋就是错的[2]。

我的质量为零，

我的电荷也是零，

你是我的王子，

我叫做中微子。

我的灵魂向你敞开，

我珍贵的灵魂。

1.贝塔–射线。根据泡利的假设，中微子是原子核放射出贝塔–射线时总伴随着释放的
一种粒子。
2.N–自旋。根据当时的观点，氮原子核的自旋（绕自转轴旋转）不能在不考虑假想中微
子自旋的情况下被解释。

我孤独的心，
只渴望你一个。

来得到我，
渴望爱的灵魂吧！
我控制不了，
我颤抖的自旋。

我的质量为零，
我的电荷也是零，
你是我的王子，
我叫做中微子。
（全员退场）

安娜堡夫人酒吧

（也被叫做奥尔巴赫·凯勒酒吧）

（美国物理学家们一个个忧郁地坐在吧台）

靡菲斯特：

（吧台后面旋转着前进）

你们不会说笑吗？你们不准备喝酒吗？

让我眨眼间把物理传授给你……

（他故意对着物理学家们夸张地眨了眨眼睛）

行不行啊? 你们? 眩晕的坐在这儿!

一般来讲, 你们应该很振奋啊!

奥本:

（说话之前在吞东西——yum! yum! ）

是你的错! 你没说一句让人高兴的话——

也没有新消息, 没有X开头的东西。呸!

靡菲斯特:

（带入了格雷琴）

但是你说的这两个都在这呢!

（热烈的掌声, 满场的骚动）

大个子:

真是一位身材姣好又性感的姑娘……

（对靡菲斯特说）

但是你得告诉我,你去过帕萨迪纳[1]吗?

靡菲斯特:

去过,和爱因斯坦一起。他和你在海港见面,

在这间安妮堡夫人的奇妙酒吧里。

大个子:

爱因斯坦! 他的曲线! 他的领域! 他的整个舞台!

靡菲斯特:

(开始唱歌)

一位统治者珍爱他的跳蚤,

像儿子一样爱它, [2]

那么那么的——

感谢。

这位统治者召唤了迈耶, [3]

迈耶说:"放心吧,陛下!

我会让他变成,

1.指代密歇根州安娜伯地区的密歇根大学。
2.救世主(爱因斯坦)的跳蚤指的是广义相对论。
3.沃尔特·梅耶——"Mayer"的发音是"Myer"(和前文的陛下"Sire"押韵!)——
是在爱因斯坦提出他的理论的过程中辅助他的数学家。

具有容克曲率的张量。"[1]

于是盛装打扮下，

跳蚤出场了。

人们像吃糖一样把它吃掉了，

因为它很甜。

跳蚤长大了，之后

它的儿子诞生了。

1.张量是弯曲空间理论中所用的数学符号。

这个儿子向自己的父亲挑战[1]

但是它并跑不起来。

$$\underline{\Gamma}_{st}^{i} = \Gamma_{st}^{i} + \Gamma_{st,r}^{i}\,\mathfrak{g}^{r}$$

$$\int \mathfrak{m}_{i}\,\mathfrak{g}^{i}\,d\tau$$

$$\mathfrak{g}_{\underset{s}{\vee}}^{is} = 0$$

跳蚤们半裸着，

带着来自柏林的喜气和自豪，

被无聊的人称作：

"领域的理论——统一了。"

现在，物理学家们，有所警惕，

观察着这个冷静的测试……

当新跳蚤在出生的时候，

要确保它们都盛装出席啊！

1.儿子是指统一场理论，这是爱因斯坦在他生命的最后三十年中研究的方向，只是并没有获得很大的成功。

所有人：

虽然我们喝醉酒，但是我们感觉不错

嗝！——有五百头母猪！

浮士德：

（人们知道他滴酒不沾，他向前走了几步唱到）

（对靡菲斯特）

你希望我能变好吗？

在所有这些混乱、喧闹和地狱中的我？

（又对格雷琴说）

你这个骨瘦如柴的人，你这个妖妇啊！我就站在这里，

但是你能认得出你的主人我吗？

是什么阻挡了我？看着我，我要握住你的手，

我要将你粉碎！

格雷琴：

浮士德，浮士德，我好害怕啊！

（全员退场）

第二部分
一个有趣的地方

（浮士德在睡觉，睡在一片玫瑰花丛中。右边长了一棵李子树。一声巨响宣告着艾瑞尔米利根的到来。）

艾瑞尔米利根：

（从天而降）

听呐! 听听这些乡巴佬说的话,

（威尔逊云室, 计数管）![1]

雷声传入到圣者的耳朵里,

现在宇宙射线就要出现!

质子们发出嘎吱嘎吱哗啦哗啦的声响,

电子们在旋转着发出喧嚣的声音。

光迅速地降临了——到往何处? 从何处来?

海森堡着实是个暴脾气；[2]

罗西, 霍夫曼——他们俩都有点神经质。[3]

所有这些荒谬的东西都毫无意义!

1.威尔逊云室, 等等, 是研究宇宙射线时所用的物理设备。

2.W·海森堡（见第六章）, 那段时间他对宇宙射线的理论很感兴趣。

3.布鲁诺·罗西和G·霍夫曼, 研究宇宙射线的实验物理学家。

浮士德:

（苏醒了）

香甜的玫瑰色的田野——我正在爱抚着那片土地?

为什么我感到如此熟悉? 有人说,[1]这是罗森菲尔德的土地!

不变的绿色植被得到了赐福。[2]

这是他的李子树。

（主持人上场）

（对M·C·说）

今天发生了什么?

M·C·

今晚是瓦尔普吉斯之夜: 有古典诗歌,

接下来, 是量子理论。

浮士德:

好啊! 我喜欢!

1.里昂·罗森菲尔德, 一位比利时的理论物理学家。
2."规范不变量", 是理论物理中的一个复杂的概念。德语中它被称为"Eiche invariant"。凑巧的是德语中的"Eiche"也是"橡树"的意思。

经典的瓦尔普吉斯之夜

M·C·

   （做展示的动作）

   接下来是经典的——混合自由曲目！

浮士德：

   （他微向前倾，表现出期待的样子。冗长的停顿表明什么事情都
没有发生）

   可是什么都没有啊！

M·C·

   请耐心等待！

浮士德：

   （他又等了等，又过了很长一段时间的停顿，而且又没有任何事
发生。）

190

你看啊! 德尔布吕克! ……

M·C·

浮士德, 你一定认为,

经典的东西,

在观众中就不会产生影响了。

（狄拉克入场）

狄拉克：

没错啊! 没错啊!

浮士德：

为什么不跳过这段, 直接到Q.-T.?

M·C·

如果我这么做了, 就不是好的M·C·,

首先应当把经典的东西充分地完成。

浮士德：

对于这些瓦尔普吉斯之夜, 我有两套不同的时间系统。

正如我刚才说的,

第一个应当摒弃。

狄拉克：

驳回!

浮士德：

之后, 我提议

经典应当退回到更久远的时间和地点上。

M·C·

附议!

瓦尔普吉斯之夜的量子理论

（在舞台的一边，后场，上帝和兰道[1]一起出现了，后者被捆住了
手脚，封住了嘴巴）

上帝:

> 保持安静，道！……现在，实际上，
>
> 唯一正确的理论，
>
> 或是说，我愿屈服于这一个人的诱惑，
>
> 这就是……

兰道:

> 唔！唔–唔！唔–唔！唔–唔！

1.兰道。见《尼尔斯·玻尔和物理学的发展》，W·泡利编辑，纽约麦格劳—希尔图书
公司，1955年，第70页。

上帝:

不要打断我说话!

我来说你听着就好了。道, 你看!

首屈一指的唯一合理的规则,

就是……

兰道:

唔! 唔–唔! 唔–唔! 唔–唔!

(舞台的另一边, 后场, 出现了伽莫夫的脸, 在栏杆的后面)

伽莫:

我去不了布莱格达姆斯维奇了

(势垒太高了!)

这个 "对话" 就是虚晃一招——

这位上帝, 他其实在开玩笑。

又被绑着又被塞住了口, 从头到脚,

道既说不出一个 "是" 字, 也说不出一个 "不" 字!

M·C·

（舞台中央）

请注意! 立正! 看呐!

这些P·狄拉克的洞[1]，

会以迅雷不及掩耳地速度将你绊倒，

等你意识到，已经仰面朝天啦!

（他举起了一个"警告!"标示牌）

磁单极:

（向前走并唱到）

两个磁单极相互敬仰，[2]

它们能感知彼此的感伤。

但是，它却不能到它的兄弟身旁，

狄拉克实在是太冷酷无情了!

（对M·C·说）

请你告诉我——（看呐! 那里有个洞!）

我亲爱的另一极在哪里?

1.狄拉克的洞（解释见第七章）。
2.磁单极（解释见第七章）。

M·C·

（旁白）

　（一个洞！我的脚啊！更像是一个坑！）

　（对磁单极说）

　现在只需稍等一分钟——斯雷特就来了

　（斯雷特走到前面,带着一根血淋淋的长矛和一条兽龙）[1]

M·C·

　（看这刚上台来的人物）

　它们跑什么呢? 他为什么滚起来了?

　谁用血淋淋的长矛将它捅死?

　龙啊,受到这个致命的打击,

　让我们将你击倒吧!

1.群论,是数学上的一个复杂的分支,在量子理论中有应用。

他是略等的标记体，

死于了反对称的意义。

他变成了虚无，他倒下了，

丧失了他的身份，去掉了他的伪装。

龙啊，受到这个致命的打击，

让我们将你击倒吧！

（错误的标记走上前来）

错误的标记:[1]

所有理论都过时了，只会带来失望。

这个标志永远是美中不足的。

预估是美好的，一切都好——

然而，在顶点的位置，标志被挤压！

（狄拉克和达尔文走上前来）

1.错误的标记表示用＋代替了－，或者相反，在数学计算中，一心不在焉就常出这种错误，当然最后就导致了错误的结果。

M·C·

现在我们回到了一维的情况，

他的名字叫狄拉克——你记得他的长相，

三维的达尔文紧随其后。

（错误的标记昂州阔步地走在狄拉克身边，将他推到一旁，但是他无法接近达尔文。）

看那错误的标记，他又激动又困惑。

这打击了他的自尊心呢！他能对付狄拉克，

但是达尔文是他无法击碎的一块石头，

目前为止，因为达尔文还像天空中挂着的馅饼——

在物理学家们的眼中遥远地放着光。

（M·C·举起了一张卡片读到）

（图片）

交换关系[1]

$PQ-QP=h/2\pi i$

看呐！达尔文将自己变成了一个P矩阵，

（福勒到达了舞台上）

而福勒——他是Q矩阵——他到了现场。正如你所看到的，

他们解释了卡片上所写的关系，

1.交换关系。海森堡量子力学中基本的假设。

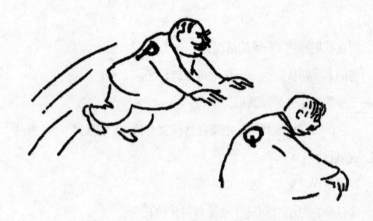

通过在整个院子里疯狂的玩跳蛙游戏解释了这一切。

（每一次交换显示一次"h/2πi"，并且随着游戏继续响起了一首曲子）：

P矩阵和Q矩阵的交换，

之后时间和时间成了新的，

时间和时间成了新的!

还有这个在盘旋：

h/2πi, h/2πi!

他们永远也不会停止，

直到他们像鹅一样大摇大摆地走开!

直到他们像鹅一样大摇大摆的走开。

还有这个在盘旋:

h/2πi, h/2πi!

注意啦! 要注意! 他们的形式现在变了,

(P和Q现在承受着痛苦地蜕变成了驴电子[1], 并落到其中一个狄拉克洞中了)

变成了反电子。看他们在踌躇!

看他们粗心地掉落(这些笨拙的老家伙!)

看他们掉落到其中一个洞中, 那些洞就是陷阱。

(光子披着印第安人的外衣旋转着, 伴随着转瞬即逝的音乐滑过舞台)

再请注意看! 现在是旋转的光子, [2]

1.驴电子(donkey-electrons)。具有负质量的电子的一种打趣的叫法。(见第七章反电子)

2.光子, 或光量子, 可以被看作旋转的能量包。

他穿着某种印度纱丽和服饰。

（显然，谦逊的值得尊敬的玻色子[1]

不能不穿衣服的到台上！）

（狄拉克到台前来，后面跟着四个忧郁的女子）

第一个女人说：

我的名字叫规范不变性。

第二个女人说：

我是精细结构常数。[2]

第三个女人说：

负能量——就是我。[3]

第四个女人：

（对第三个女人说）

注意你的语法，三号！

（又对其他人说）

姐妹们，你们好好想想，

你们不可能也不会有春天的。

只有我会在最后出现，

因为我是奇异性！[4]

（这四个人站到了舞台的一边，之后再混入人群中）

浮士德：

我看到来了四个人，我看到走了一个；

1.玻色子（见第四章）。
2.精细结构常数。也就是137，在原子理论中很重要。
3.负能量。量子理论中出现的一个数学上的困难。
4.奇异性。量子理论中出现的另一个数学上的困难。

我不知道她们说的是什么。

现在空气中充斥着阴影和幽灵，

我们最好还是坚持戴我们的假发吧。

狄拉克：

一直奇怪的鸟在沙哑地叫。它在叫什么呢? 真是倒霉!

先生们! 我们的理论, 已经失去控制。

到1926年的时候要回头, [1]

从那时起我们的成果才开始变得光明。

浮士德：

那么, 现在什么都不会产生吗?

狄拉克：

（对第四个忧郁的女人说）

你, 奇异性, 走吧!

1.人们发现波动动力学是在1926年。

第四个女人说:

这是我的位置——而且, 你能不能不要冲我大吼大叫!

狄拉克:

少妇! 我是用我的魔法将你去除!

第四个女人说:

我难道不在本征的范畴中吗?

放射性难道与我无关吗?

我生来永远在变化,

我的权利就是没有人能约束我。

但是在轨道上, 在导波中,

我站在害怕的奴役中间,

虽然从未寻找却总是寻见咒诅,

甚至在她被抓到之前。

狄拉克:

我不懂你是什么意思!

（他退场, 奇异性追着他）

M·C·

（对着狄拉克的背影）

你很快就会看到——

这个女人会追你追到月球上!

（又对着观众说）

当然, 除非他的腿长到能逃掉。

给你们三次机会! 猜猜看他能跑掉吗?

（靡菲斯特出现了。有人敲门。

门外面友好的摄影师看起来很困惑。）

靡菲斯特：

　　加油，加油！进来，进来！

　　你这个穿着宽松裤子的笨蛋，你，拿着印版和胶片，咔嗒咔嗒地

响

　　（指向浮士德）

　　没有你，他就会萎缩

浮士德：

　　（他向新闻摄影师摆出姿势，兴奋地不得了）

　　在这个公平的时刻，请让我说：

　　"你漂亮极了，噢，坚持住！"

　　我的一丝痕迹将萦绕在这个伟大的世界中，

　　载入第四产业的史册内。

　　憧憬着如此美好的命运，

　　我正享受属于我自己的那一刻。

（他死了，他的遗体被媒体发现了并由媒体报道出来）

靡菲斯特：

> 对他来讲，快乐不能得到满足；幸运也无法抚慰他。
>
> 他所追求的变换的形式从来没有取悦过他。
>
> 这个可怜的人却想紧紧抓住那些想躲避他的人。
>
> 现在，一切都结束了。他的学识如何才能帮助他？

M·C·

> （对着摄影师的相机）
>
> 出来，光线太刺眼！

> 镁—吞噬
>
> 雷云—阵雨
>
> 自我—采花
>
> 讨厌的一个，
>
> 闪烁的一个，
>
> 不再烦恼我们了。

尾 声
真正的中子被神话了

瓦格纳[1]:

（作为理想实验者的化身出现，用他的手指平衡着一颗黑球，骄傲地说）

中子已经到来。

带着他自己的质量，

带着他的电荷，永远是自由的。

泡利，你同意这个说法吗？

靡菲斯特:

实验中发现了——

1.瓦格纳·詹姆斯·查德威克，是这部剧上演的这年中发现中子（很重的中性粒子）的英国物理学家。

理论中却没有他的位置——

想的总比听到的多,

要把你的头脑和心思都投入进去。

祝你好运! 你这个超重的替代品[1]——

我们诚挚地欢迎你!

但是激情永远在我们的情节中迸发,

格雷琴永远是我的宝藏!

神秘的合唱队:

曾经是幻象,

现在是真实。

多么经典!

多么精美, 多么精准!

诚挚的致敬,

用诗歌表达赞美,

永恒的中子,

伴我们前行!

1.替代品。中子的质量很大, 不能被当作没有重量的中微子的替代品("Ersatz")。